狗狗长寿的
50个秘诀

〔日〕臼杵新 著

李卉 译

人民邮电出版社
北京

图书在版编目（CIP）数据

狗狗长寿的50个秘诀 ／（日）臼杵新著 ；李卉译
. -- 北京 ：人民邮电出版社，2021.1
ISBN 978-7-115-53886-4

Ⅰ. ①狗… Ⅱ. ①臼… ②李… Ⅲ. ①犬—驯养
Ⅳ. ①S829.2

中国版本图书馆CIP数据核字(2020)第074939号

◆ 著　　　　　[日]臼杵新
　　译　　　　　李　卉
　　责任编辑　　魏夏莹
　　责任印制　　陈　犇
◆ 人民邮电出版社出版发行　　北京市丰台区成寿寺路 11 号
　　邮编　100164　　电子邮件　315@ptpress.com.cn
　　网址　https://www.ptpress.com.cn
　　北京宝隆世纪印刷有限公司印刷
◆ 开本：787×1092　1/32
　　印张：6.875　　　　　　　2021 年 1 月第 1 版
　　字数：198 千字　　　　　2021 年 1 月北京第 1 次印刷
　　著作权合同登记号　图字：01-2019-5170 号

定价：58.00 元

读者服务热线：**(010)81055296**　印装质量热线：**(010)81055316**
反盗版热线：**(010)81055315**
广告经营许可证：京东市监广登字 20170147 号

前言

直到前几年，日本大部分家庭饲养狗狗的方式还都比较粗放。很多人直接把狗狗拴在院子里，给它们喂人吃剩下的饭菜，也不怎么给狗狗打预防针。如果狗狗生病去世了，就再从别人手里领养一只……然后不断循环这个过程。

不过最近几年，人们对于养狗的想法有所改变。越来越多的主人开始将狗狗当成自己家庭的一员，愿意科学饲养狗狗，以使自家狗狗保持健康。此外，越来越多的人类医疗技术如今被应用到宠物的治疗中，以前一些对宠物来说无法治愈的病症也逐渐有了有效的治疗方法。

但是，宠物医院救治宠物的第一步只能是"等待"。只有主人将宠物带来医院时，治疗才能开始。所以从事兽医（动物临床）工作的医护人员经常会遇到一些病例，让他们想要大呼："为什么要拖到它病成这样才来啊！"但那些主人往往并不是不关心宠物、虐待宠物，反倒是脸色煞白地一边喊着"我家狗狗不知道怎么了！"，一边冲进宠物医院的情况比较多。

曾经发生过这样一件事。

有一位主人在自家院子里养了一条哈士奇，后来它得了疥螨，主人却没发现。结果病情发展到2cm厚的疮痂坑坑洼洼地、像盔甲一般布满了哈士奇的全身。那条哈士奇在排泄时，腹部的疮痂吸收了它的尿液，在潮湿的环境中又滋生了大量蛆虫。而这位主人在来医院前完全没有注意到自家的狗狗生病了，可能是因为哈士奇毛色比较深，乍一看不明显。虽然狗狗被送到医院后就立刻开始接受治疗，但是那条哈士奇已经太过虚弱，很快便不治身亡了。

主人肯定希望自己的宠物长寿，宠物自己一定也想长寿。正是由于很多人不知道科学的饲养方法，宠物才会因为一点小事就生病、受伤，甚至死亡。这是多么不幸啊！

每次有主人带宠物来医院看病时，我都会将自己在宠物医院的这种亲身感受告诉他们，还会将这些苦涩的经历向邻居们倾诉。为什么会变成这样？命运到底是从哪个时间点开始出现分叉的？如果遇到类似的情况应该怎么办？……

我创作这本书的初衷是希望这种令人悲伤的案例能够越来越少，哪怕能让一两个家庭受益都好。很多主人都想让狗狗长寿，也都很珍爱狗狗，但非常遗憾的是，很多人根本不知道应该如何科学饲养狗狗。

只要主人多了解一点科学饲养的知识，就能大大提高狗狗的生活质量。饲养宠物必须用心，主人应该了解科学的饲养知识，认识到科学饲养的重要性。那么不用依靠兽医，只要平常用心关注自家狗狗的健康情况，就能大大提高发现初期症状的概率。

这本书其实并不是针对平常少有机会接触到科学饲养狗狗的基本知识的人的，而是针对想要深入了解一些科学饲养知识的人的。这不是一本以宠物健康为前提的不痛不痒的饲养指南，而是一本通过将我在诊疗室里经常告诉宠物主人们的知识归纳为50个问题的方式整理而成的书。

深挖书中的每一个问题都会发现深奥的知识，但那样解释起来就会过于烦琐，因此本书主要介绍的还是对家庭饲养狗狗有帮助的知识。此外，本书将尽可能介绍不用花费太多时间和金钱的方法。

我认为宠物主人与兽医在宠物治疗上是共同参与者，能发挥的作用同样重要，所以我每次都会努力让主人也了解治疗内容和治疗目标，告诉他们我采用的是怎样的医治方法，想要实现怎样的效果。这本书如果能够多少提供一些有助于宠物主人们理解宠物治疗的知识，就再好不过了。

臼杵新

2009 年 3 月

目录

怎样分辨劣质狗粮？

为什么胖狗不管怎么遛都不会瘦？

狗狗长寿的50个秘诀

第 **1** 章

让狗狗长寿的环境

01 为什么说室内饲养也不一定绝对安全

—— 到底应该在室内饲养还是在室外饲养

在院子里放一个狗窝来养狗，这种方式可以让狗完成看家护院的传统使命，如今仍有很多家庭采取这种养狗的方法。而且室外更为宽敞，这也是一大优点。

医治了这么多狗狗之后，我的一个亲身体会就是，主人对室外饲养的狗的管理往往不是很到位。即使主人对动物医疗的理解、关心程度相同，比起室内饲养的狗，室外饲养的狗在与主人接触的时间、距离上都处于劣势，管理也往往不如室内饲养到位。

因此，很多室外饲养的狗狗生病被送来医院时，往往都为时已晚。具体来说，这些室外饲养的狗常见的疾病有皮肤炎、外耳炎、伤口化脓、腹泻、呕吐等。有些家庭不给狗拴狗绳，狗狗可以在院子里随便活动（这种做法很不好），这样狗狗非常容易误食化肥和草木、逃跑或者发生受伤事故。如果出于想要自己的狗狗看家护院的想法而决定在室外饲养，那么平常主人就应该比室内饲养时更勤于观察狗狗的状态。

室内饲养的好处在于可以细致观察到狗狗的健康状况。我们家每天吃完晚饭后都要和狗狗一起玩一会儿。抱着狗狗和陪它玩耍的时候，就能注意到一些小疙瘩、眼睛的分泌物、口臭、大腿内侧的湿疹等。如果我在室外饲养狗狗，可能会推迟很长时间才能发现狗狗的这些早期病变。

潜伏在狗狗身边的危险

好，好吃！

生病　　受伤　　误食　　误食

好硬……

室外饲养
狗狗在主人视线范围外，
容易发生意外

室内饲养
主人就在附近，更容易发现
狗狗的病情或伤情

逃跑

拜拜

和路人发生矛盾

得意！

陌生人喂食

吃吧

汪

大致比较下来，如果室内空间足够大，还是应尽量在室内饲养狗狗。室外饲养很容易有观察不到位的地方，路过的行人也有可能给你的狗狗乱喂食物。虽然对于这些爱动的小动物本身来说，室外饲养可能反倒更合它们的心意，但是出于对它们健康的考虑，室内饲养的一些不便之处，习惯一下也就好了。

　　只要有13m²左右的空间，就基本能满足饲养大型犬的需要了。不过还是要多遛狗，否则你的狗狗可能会因为运动不足而积累压力，最终会导致其肌肉、骨骼弱化，破坏家具，患有压力性病症等不良结果。

❀ 室内饲养亦存在危险

　　那么，室内饲养就百分百安全吗？绝非如此。如第13页所示，室内饲养也存在种种危险，比如，你的狗狗可能会破坏家具，误食或偷吃一些小东西、人的食物、药物，从楼梯上跌落，或是当主人不在家时中暑等。虽然很多危险都是事先做好预防工作就可以避免的，但很多时候主人都预料不到狗狗会做出些什么事情，因此，室内饲养依然会出现很多意外。非常遗憾的是，能够事无巨细地做好各种预防工作的主人是非常少见的。

　　不过，由于室内饲养的逐渐普及，以及我们兽医坚持不懈的指导，低级错误应该会逐渐减少吧。事实上，我在诊疗的时候经常和主人们说的话题就是室内饲养的环境问题。只要能仔细做好接下来将要介绍的预防工作，室内饲养就会比室外饲养安全很多。

室内饲养也不能掉以轻心

以为室内饲养就万事大吉，是无法保护好狗狗的

误食人类用的药物

破坏家具

主人不在家时中暑

从楼梯上跌落

必须注意的是不能让狗狗误食异物
——不幸误食异物怎么办

　　宠物误食笔帽等无法消化的物品，或人类的食物、药物等宠物不该食用的东西统称为"误食异物"。如果误食了能够消化的异物，可能闹一次肚子就好了，但其实有很多东西都是对人类无害而对犬类有毒的。比如，很多人都知道犬类不能吃葱类蔬菜，如果再仔细去查一下，可能就会震惊地发现原来有这么多犬类不能吃的东西。（详情请参考第114页）

　　还有一些人类的药物，对狗狗来说就算成分上是安全的，但在剂量上也可能存在很大的问题。药物的剂量基本上是针对体重为60kg的人类制造的，而犬类的体重一般只有6kg，也就是说，人类的药物剂量是犬类的10倍。绝大多数药物都是既包含有效成分，也包含多余成分（会导致副作用的）。药物的成分比例是经过制药公司和医生精心调配过的，这种比例能够让有效成分发挥作用，同时尽量减少副作用的影响。但是对于犬类这种比人类体型小太多的动物来说，人类药物的副作用会对它们产生很大的影响。

　　有时主人可能会把要喝的药随手放在桌子上，这时候狗狗出于好奇可能就会偷偷跑过去吃掉那些药，主人应该特别注意这种情况。观叶植物对狗狗来说也很危险，即使不是有剧毒的植物，也可能会让狗狗闹肚子甚至住院，这种情况非常多，何况还有像铃兰那样的含有致死性神经毒素的植物。要一一记住有毒植物比较困难，可以简要地将所有具有球根的植物都放到狗狗不能接近的范围内。所有的植物都应该被吊在高处，或者放到高处，比如架子顶上，做好预防狗狗误食的措施。

常见的易误食的异物

葱

药

观叶植物

烟

蟑螂用

零食

蟑螂药

小型异物

炸鸡的骨头

玩具碎片

小型的异物或容易碎的东西
都是狗狗容易误食的对象

同等用量效果大不相同

60kg

相当于
10 倍的
用量

6kg

药物在服用后会在体内分散。犬类的体重通常只有人类的几分之一，因此，虽然误食的药物对人类来说是正常剂量，但对于犬类来说却是剂量过大。

☀ 误食异物后怎么办

宠物误食异物后的症状和病情是多样的，一定不能大意。在大多数情况下，主人都不是自己亲眼看到宠物误食异物的，而是在宠物持续呕吐后发现不对劲，在将宠物送去医院检查后，才会知道自己的宠物误食了异物。如果看到自己的狗狗误食了异物，或者发现狗狗可能误食了异物，请一定要马上咨询兽医。

如果狗狗误食的是洗厕所用的一些强酸性清洁剂、除霉用的一些强碱性清洁剂或类似香蕉水这样的有机溶剂，呕吐反而可能使异物进入气管，进而导致情况更加严重。所以主人千万不能随意地自行处理。

一些物理性的异物，比如小球、小玩具等，被误食之后可能会自行流入肠道，在主人没发觉时就被宠物自行排泄出去了。

但是这种异物也可能会挂在宠物的胃肠道中，这种情况就很危险了，必须要通过内视镜或者开腹手术才能将其取出。如果症状比较明显还好说，主人可以直接带宠物去做精密检查，这样就能早早发现异物。但如果是一些大型犬出现断断续续的呕吐症状，主人可能就会以为是胃炎，然后给宠物用一段时间的药，最后发现治不好才去做精密检查，结果发现原来是误食了异物。这就导致有些狗狗，昨天还只是有点呕吐但还非常精神，今天就浑身无力只能被抬进医院了。

更严重的情况是，异物刺破胃壁、刺到肝脏、堵住肠道，导致宠物的一些内脏部位坏死。一些带状的异物还可能像锯子一样摩擦宠物的肠壁，最终磨出伤口。如果病情发展到这个地步宠物的死亡率会猛地提高。如果发现得比较晚，或者病因确诊得太迟，死亡率还会进一步增大。

另外，如果你的狗狗明显误食了大量的致命异物，要想抢救你的狗狗，有时也可能需要先在家里紧急催吐之后再送医院，可以用食盐、双氧水或者一些专业的药物来催吐。

注意植物的摆放方式

铃兰有致命剧毒

对策 1
吊在高处

对策 2
放在高处

注意危险的液体

强酸性清洁剂
洗厕所用的清洁剂等

厕所清洁剂

强碱性清洁剂
除霉用的清洁剂等

除霉清洁剂

有机溶剂
香蕉水等

香蕉水

宠物可能会被清洁剂的花果香吸引，从而发生误食。随手放到地上的空瓶子尤其容易被宠物盯上。

但是，如果使用食盐催吐，可能会给狗狗的健康带来其他副作用；而用双氧水催吐，则有可能让狗狗的口腔或胃肠黏膜出现炎症。所以不到万不得已，最好不要在家中给狗狗催吐，按照兽医的指示进行催吐才是安全的。

另外，即使催吐成功，也不能保证误食的异物或液体没有进入肠道。已经进入肠道的东西是无法靠催吐让狗狗吐出来的，所以催吐后也仍然需要带狗狗到医院继续接受输液等治疗。

☀ 如何预防狗狗误食异物

最简单的预防方法就是将狗狗可能误食的异物放到它们够不到的地方。狗狗并没有"吃一堑，长一智"的概念，换句话说，狗狗在误食一次异物之后下次还是可能会继续误食。有的狗狗甚至因为误食异物最后发展到要切胃。因此主人一定要严肃看待这个问题，否则很容易出现疏漏。

一定要将狗狗容易误食的小东西都收进抽屉里，或者放到狗狗绝对够不到的高处，垃圾桶也一定要使用狗狗绝对撞不开的类型。我们能做的只有事先降低风险。还有一些我们意想不到但狗狗也可能会误食的东西，请参考第19页的插图。

预防狗狗误食异物，主人能做的只有事先降低风险

请将一些小物件收到抽屉里，保证狗狗取不出来

将容易被误食的东西放到狗狗够不到的高架上

最好使用狗狗绝对撞不开的垃圾桶

下面这些东西也可能被狗狗误食

生米

食用油

沾有主人气味的内衣

粉扑

杏干

缝衣针

这些是笔者见过的比较令人意外的被狗狗误食的东西。
沾有主人味道的东西很容易被狗狗误食

03 室内饲养时应该限定狗狗的活动范围

—— 要守护狗狗不让它遭遇意外事故，这一点非常重要

大多数在家中饲养狗狗的人都不会限定狗狗在家中的活动范围。但是正如第 2 节讲到的误食异物的问题一样，很遗憾，狗狗经常会做出一些我们预料不到的行为。前面我写到一定要把东西都收纳好，但现实是大多数人都很难做到这一点。在我小的时候，妈妈就曾经把我没收拾好的书包和游戏机扔到院子里。如果不是家里有拥有非常良好的收拾屋子的习惯的人，尤其是有孩子的家庭，基本上是不可能一年365 天都保持屋内整洁的。所以，为了防止意外发生，主人最好事先限定好狗狗在家中的活动范围。

从前，要在家中安装一个栅栏或宠物防护门，必须要委托装修公司或自己动手制作。但现在很多宠物商店、DIY 商店已经在卖成品了，我们也可以从网上的宠物家具店购买。我们可以利用这些东西来防止狗狗进入我们不想让它们进入的区域。

具体来说，浴室、厨房、楼梯都属于限制区域，限制它们进入这些区域可以有效防止狗狗滑倒、溺水、误食或者撞伤脊椎、关节。曾经发生过这样一件令人痛心的事，一只狗狗趁着主人开门的时候冲出家门，正好门前的车道上一辆车经过，于是那只狗狗就直接被车撞死了。因此，对于能够通往房屋外的地方，主人也需要注意防范。

还有一些声称可以通过气味、声音让狗狗远离危险区域的商品，但这类商品的效果令人怀疑。因为只要习惯了这些气味、声音，狗狗就可能无视它们。虽然在这样的情况下发生意外也算是狗狗自作自受，但是如果屋里一直充斥着狗狗讨厌的味道，也会让它们一直处于紧张状态。

现在市面上已经有成品栅栏了

这是 IRISOHYAMA 生产的宠物栅栏，型号是 STF-609

这是 IRISOHYAMA 生产的宠物栅栏，型号是 WPG-850NS

摄影协助：IRISOHYAMA

不要让狗狗进入危险区域

浴室

浴缸非常湿滑，小型犬如果不小心跌入浴缸很可能会爬不上来

厨房

细碎的调味料粉末、食材残渣、刀具、明火……厨房里几乎没有什么对狗狗来说是不危险的

如果狗狗在狭窄陡峭的楼梯上不小心跌倒，就会一直滚到楼梯底层。虽然一般不至于骨折，但很容易摔到头或撞伤

楼梯

玄关

这是最需要警戒的地方，因为狗狗容易从这里逃跑。有的狗狗会在主人关门的时候挤到门缝里，然后就会被门夹伤甚至夹骨折

当然，最理想的还是能够不依靠道具，通过训练防止狗狗进入危险区域。但是在主人不在场的时候也仍然那么听话的狗狗是非常少见的。如果狗狗看到了什么它觉得有趣的东西，还是会克制不住地进入那些危险区域。所以从物理上杜绝这种可能性，才是最让人放心的。

为了避免把家里弄得到处都是栅栏，可以把客厅当作狗狗的专属空间，只在客厅的出口设置一个栅栏，或者安装一个宠物犬围栏，出门的时候把狗狗放到里面。另外，如果在走廊上安装了围栏或者防护门，家里人晚上起夜时很可能会不小心被绊倒，所以最好同时装上一个小夜灯。

"坠楼事件"一般都发生在宠物猫身上，宠物犬很少会坠楼。但是如果你的狗狗能够钻过阳台围栏的缝隙，那么它还是存在坠楼的可能性的。主人可以设置一些横栏，防止狗狗不小心钻出去。猫有较强的平衡能力，而狗在这方面的能力较弱，就算是从楼梯上摔下来也很可能会受重伤。如果只是四肢骨折还好办，要是头部或身体摔伤了，很可能还会有生命危险。步履蹒跚的高龄犬从楼梯上摔下来还可能会摔出脑震荡。

电线可以收到家具后面，用保护壳包起来，或者塞到地毯下面，这样就可以减少狗狗因啃咬电线而触电的风险。哪怕是平常非常听话的狗狗，也可能一时兴起犯些错误，而它犯的第一个错误很可能就成了它生命中的最后一个错误。在某种意义上，因为主人忽视了室内环境的安全，而有可能使听话懂事的狗狗突然出现意外，所以千万不要觉得自己的狗狗非常听话就一定不会出问题。

声音和气味都是可以习惯的

有一些声称可以通过气味、声音让狗狗远离危险区域的商品，但最终结果往往是在狗狗习惯了这些声音、气味后，这些商品便失去了效果

防止意外事故发生的方法

注：注意隔热，或请专业人士操作

不是只有人才会过敏！
狗狗过敏的应对方法

04

—— 只要主人消除过敏原，就能解决绝大多数问题

相信没有人不知道过敏这种病症，有读者朋友每年春天都会为花粉过敏而烦恼。简单来说，过敏就是因为某种外来物质，身体内的免疫系统开始攻击自己身体的一种状态。引发过敏的物质被称为过敏原。犬类也是一样会过敏的。过敏是一种常见病症，人类一直在研究这种病症，但很遗憾的是，一些难治的过敏病症至今仍无法被完全治愈。

过敏会引发皮肤、消化器官、呼吸器官等的炎症，在犬类临床中最常见的还是"过敏性皮肤炎"。

导致过敏的因素是具有相加效果的。很少出现只因为一个原因就发生过敏的情况。所以如果主人能够努力找出过敏原，逐个消除，狗狗的过敏症状就会慢慢减轻。现在已经出现了通过血液检查确定过敏原的技术，但这种技术目前还处于费用较高而可信度却一般的状态。因此，我平常都是根据情况和主人商量后，才决定要不要进行血液检查。

导致犬类过敏的因素主要可以分为3种，包括"周围环境""遗传因素"（不同犬种有不同的特性，一些特定血统的犬种会很容易过敏），以及"饮食生活"。"周围环境"还可以再细分为3类，包括"空气中的漂浮物（花粉、煤烟）""身体接触到的东西""精神性压力源"。

过敏是什么

挠挠

就像我们往杯中倒入的水太多，水就会溢出来一样，如果狗狗体内的过敏原超过了一定数量，身体就会出现各种不良反应。瘙痒感是最容易被发现的一个皮肤过敏的信号。主人如果平常能够多加注意，就能够尽早发现狗狗的异常

导致过敏的 3 个因素

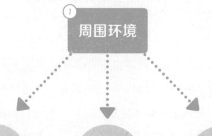

① 周围环境

空气中的漂浮物

身体接触到的东西

精神性压力源

② 遗传因素

③ 饮食生活

那么，主人应该怎样应对这些过敏原呢？简单来说，就是要彻底排除可疑的东西，减少狗狗所接触的东西的种类；若不得已接触到了这些东西，要尽量将狗狗洗干净。下面让我们特别关注一下"周围环境"因素中的"身体接触到的东西""空气中的漂浮物"及"遗传因素"这几个可能导致狗狗过敏的因素吧。关于"周围环境"因素中的"精神性压力源"，请参考第34页，关于"饮食生活"因素请参考第106页。

☀ ①周围环境

·身体接触到的东西

如果狗狗的腹部、四肢、下巴上长了很严重的湿疹，那么过敏原很可能存在于地板材料或者草丛中。外出遛狗时，最好只让狗狗走沥青路，不要让它进入公园或河岸的草丛。有时仅做到这一点就能极大地改善狗狗的过敏情况。

更大的问题还是在室内。我们的家中往往有各种材质的物品，狗狗会接触到很多东西。当你的狗狗出现了过敏症状，首先要做的就是确定狗狗平常都会接触哪些东西，然后排查过敏原。针对这个问题，安装一个宠物犬围栏，限制狗狗的活动范围能够起到很好的作用。

还有就是要认真打扫房间，室内用品也最好选择对人、对狗都比较健康的材质。如果家里是木地板，就要擦干净，并铺上亲肤的棉质地毯。如果怀疑狗狗对棉制品过敏，那么可以选择触感柔软的化学纤维制品。在餐具方面，不锈钢材质会比较保险。除了物品的材质，虱子导致的过敏也非常常见，在这种情况下，保持室内清洁，打造一个虱子难以生存的环境就能起到很好的作用。

改善周围环境

主人细心的照料能够降低狗狗过敏的风险

认真打扫房间

嗡

避免让狗狗走到草地上

换一张地毯试试

新地毯

用不锈钢材质的狗粮碗

像这样，尽量营造一个简单点的生活环境，然后观察一段时间。你可能多少会觉得生活起来有些不方便，但如果这样能使狗狗的过敏症状有所减轻，我们就可以将过敏原锁定在那些被排除的物品或材料中了。当然，一直这么下去，人和狗生活起来都会不方便，所以后续可以一边做好防过敏的准备，一边继续观察，慢慢将环境复原。

·空气中的漂浮物

空气中的漂浮物属于比较难对付的过敏原。有些狗狗的过敏症状可能只因为气温和湿度上升就会加重，在这种情况下，对过敏原的判断就比较困难，但如果你的狗狗的过敏症状在春、夏季会明显加重，那么可以怀疑过敏原是花粉或一些草木。用品质较高的吸尘器清理微小粉尘（滤纸必须使用真正的高品质滤纸，否则粉尘可能会漏出）、清晨趁室内漂浮的粉尘落在地面的时候用静电拖把轻轻打扫干净，以及戒烟等用于应对人类哮喘病的措施也同样有效。就算这些不是过敏原，打造一个干净清洁的室内环境对自身的健康也是有帮助的，请一定要试试。

☀ ②遗传因素

如果导致过敏的因素是遗传因素，那就没有办法了。犬类的皮肤本就比较脆弱，杂种犬还好一些，而纯种犬由于人类常年使它们在同种血统间交配，所以其体质基本上都非常娇弱，不只容易过敏，还容易患各种病。西方犬种一般都不适应日本的高温湿润气候。特别是类似可卡犬这样的耳朵上长毛的垂耳犬，非常容易患外耳炎等疾病；像哈巴狗、虎头犬这样的鼻子较短的短吻犬（俗话说就是塌鼻子），由于皮肤褶皱比较多，所以非常容易患皮肤炎。

室内常见的过敏原

沙发

垫子

毯子

地垫

塑料制品
陶制茶碗

地毯、
榻榻米

发蜡

狗项圈、
衣服

遗传因素

可卡犬

哈巴狗

可卡犬的皮肤非常娇弱。如果使其四肢
留下长毛的造型，会给它的皮肤带来更
大的负担

哈巴狗这样的短吻犬（鼻子较短）经常
得皮肤病，饲养前请做好心理准备

05 狗狗需要用清洁剂吗
——给狗狗洗澡一定要适度

事实上，除了人以外的所有动物都不需要使用清洁剂。想想看，野生动物哪有用清洁剂的？但是作为宠物饲养的动物，如果一直不洗澡就会散发出动物的臭味，室内饲养时小动物的毛发也会因为沾了太多的灰尘和脏东西而弄得家里很脏。

要解决这些问题，就需要偶尔用清洁剂给狗狗洗个澡，但是请不要忘记，这是人类"根据自己的需要"做的事，而不是因为狗狗本身需要清洁剂。犬类的皮肤如果过度揉搓、清洗，就会很容易受伤，从而引起皮肤炎。给狗狗洗澡时绝对不能像我们洗头时那样用力，用指腹轻轻揉搓即可。洗完之后给狗狗擦拭身体时动作也要轻柔；擦拭四肢时采用隔着毛巾轻握的方式；电吹风吹出的风一定不能太热，使其与狗狗保持适当的距离并帮狗狗吹干毛发。

当狗狗没有皮肤问题时，室内饲养的狗狗用清洁剂清洗的频率为一个月1~2次即可。如果是室外饲养，就等狗狗非常脏了再清洗。另外，除跳蚤用的清洁剂的效果的持续时间非常短暂，请一定要给狗狗另外用一些除跳蚤的外用药。

☀ 如何给患皮肤炎的狗狗洗澡

当你的狗狗患皮肤炎时，皮肤的清洁就显得尤其重要了。饮食和环境的改善、就医用药以及用清洁剂清洁对于控制皮肤炎症来说都是非常重要的护理措施。特别是在除了冬天以外的季节，犬类皮肤的负担都会非常重，如果不勤加清洗，就很难保持狗狗皮肤的清洁。我曾

如何给狗狗洗澡

清洗动作要温柔

不要用指甲，要用指腹轻柔地搓洗

擦拭动作要温柔

擦拭的时候太用力就会伤害到狗狗毛发较少处的皮肤，所以擦拭时不要太用力

嗡嗡

吹风机吹出的风注意不要太热

让吹风机对着自己帮狗狗梳毛的手吹，用自己的肌肤来测试吹风机吹出的风是否过热

除跳蚤用的清洁剂的作用是暂时的

去跳蚤清洗剂

除跳蚤用的清洁剂可以洗掉跳蚤，但并不意味着洗过之后就不会再生跳蚤了

西方犬种非常怕热

一般的西方犬种都不适应日本高温湿润的气候，比本土犬种更容易患皮肤炎

31

经医治过一只患有严重皮肤炎的狗狗，当时我让其主人用多种清洁剂每3天给它洗1次澡。另外，一般的西方犬种都不适应日本高温湿润的气候，所以有些西方犬种虽然在原产国属于不容易患皮肤炎的犬种，但在日本如果不将其当作易患皮肤炎的犬种进行照料，这些犬种也可能会比较容易患皮肤炎。那么什么样的清洁剂比较好呢？

· 普通的清洁剂

市面上普通的清洁剂的宣传重点都在可以将狗狗的毛发清洁得柔顺且有光泽上。但这种清洁剂针对的是皮肤健康的狗狗，如果狗狗的皮肤已经出现了炎症或者已经变得粗糙，那么再用这种清洁剂清洗可能会给狗狗带来不好的影响。

· 低刺激性清洁剂

这类清洁剂和普通的清洁剂类似，种类也非常多，其主要特点是去除了刺激性成分，且以天然成分为主体，但这类清洁剂并不能对治疗皮肤炎症起到积极作用。这类清洁剂主要用于皮肤健康的情况，或皮肤炎痊愈后的护理。

· 药用清洁剂

随着主人们的科学饲养意识逐渐增强，企业开始接连推出新产品，最近市面上的药用清洁剂越来越多了。虽然叫作药用清洁剂，但是很遗憾，这些清洁剂也不适用于所有情况，必须根据每只狗狗的病情、症状合理选择。市面上的这类清洁剂种类繁多，而且不同的狗狗适用的品种也不同，要让主人们全部尝试一遍也很不现实。我会仔细阅读说明书来挑选一些看起来不错的新产品，并将其推荐给主人们。

· 杀菌清洁剂

这种清洁剂能够抑制引起皮肤炎的细菌，改善皮肤炎症状。但它并不能解决细菌增多的问题，所以往往只能形成"拉锯战"。含有硫黄和水杨酸的清洁剂溶解角质的效果很好，同时也具有杀菌效果，多用于脂溢性皮炎。但是这种清洁剂的刺激性也很强，如果掌握不好用量，可能反而会导致病情恶化。

最近市面上还出现了一些将重点放在保护皮肤屏障上的清洁剂。这种清洁剂加入了更多的保湿成分，能够帮助皮肤恢复其原本的防御能力，如果选对了产品，可以达到非常好的效果。这种清洁剂还能够有效清除花粉、灰尘等过敏原，请在和主治医生商量过后挑选一款合适的清洁剂使用吧。

挑选清洁剂的方法

普通的 清洁剂	低刺激性 清洁剂	药用 清洁剂	杀菌 清洁剂

如果狗狗已经患了皮肤炎或者皮肤很粗糙，那么再用这种清洁剂清洗可能会给狗狗带来不好的影响	不能用在已经患有皮肤炎的狗狗的身上，只能用于皮肤健康的情况，或皮肤病痊愈后的护理	必须根据狗狗的病情、症状、犬种等具体情况挑选	刺激性较强，如果掌握不好用量，可能反而会导致病情恶化。必须注意用量和使用频率

06 过度的压力对狗狗也不好

—— 不过这并不意味着要溺爱

人类如果压力过大，就会患上各种生理、心理上的疾病。过度的压力对人、对狗狗都会造成不好的影响。但是狗狗和人不同，它们不会说话，所以人类没有办法知道它们的压力来源究竟是什么。下面我将列举一些自己碰到过的病例，并逐一说明相应的消除压力的方法。

☀ 外来诊察中常见的压力病例

·在过于狭窄的空间内饲养太多的狗狗

前面我们说过，室内饲养有助于主人更好地照看自己的狗狗，所以推荐大家在室内饲养狗狗。但是有很多人会在非常狭窄的空间内饲养狗狗，有的甚至会饲养很多只。他们这么做的原因多种多样，比如逛街时由于一时冲动又买了狗，或者捡到流浪狗之后就顺势将其和其他狗狗养在一起。但是一旦饲养的密度超过一定的范围，这对于所有的狗狗而言都将是不幸的。基本上，10m² 的空间最多能饲养 3 只小型犬，13m² 的空间最多能饲养 2 只大型犬，这就已经是极限了。另外，如果一开始狗狗可以活动的空间就很小（当然小也是有底线的），那么它们就会认为自己的环境就是这样的，但是如果一开始狗狗可以活动的空间比较大，后来又被关在了很小的空间里，它们就会开始产生压力。

·白天家中没有人

到了白天，很多家庭的大人上班、孩子上学，家里就只剩下狗狗。这不仅会让狗狗感到很寂寞，而且万一狗狗碰到什么意外或者突然生了什么病，主人都没办法及时照顾狗狗。一个成熟的主人应该在自己的能力范围内尽量周到地照顾自己的宠物。

在过于狭窄的空间内饲养太多的狗狗

尤其是在狗狗相互之间关系不好的时候，如果不能将它们隔开，打架的概率一定会升高

白天家中没有人

对于依赖心比较重、喜欢撒娇的狗狗来说，一个人看家会让它们产生很大的压力。在此不推荐长时间将狗狗放置不管

·遭到同住的其他动物的暴力对待

有时我们医院会接收一些因遭受同住的其他动物的暴力而受伤的狗狗。犬类是群居动物，且上下级关系森严。身处上位的狗狗并不一定都是公正的，有的狗狗会为了自己的支配欲或者争宠而虐待身处下位的狗狗。如果主人（最高位）能够好好教育、指导狗狗，就能避免这种情况发生。但主人毕竟不可能一天24小时都看着狗狗，如果家中的狗狗之间的关系实在不好，建议还是将狗狗的活动范围分为1层和2层，让它们在家中分开活动比较好。

·遭到主人的虐待

主人的虐待也会给狗狗带来极大的心理压力。以前我们医院在半夜收诊过一只被酒品不好的男主人殴打的狗狗，当时那位男主人咬定自己只是用卷起来的报纸打了它一下，但检查过后我们发现那只狗狗的肋骨断了几根。这是主人家的私人问题，作为兽医，我们只能要求他们注意自己的行为，没有别的办法。这种因受到虐待而产生的压力，会导致狗狗变得具有非常强的攻击性，或者变得非常胆小、很难相处；另外，还有可能导致它们的内分泌系统失调、肾功能变差等。这种疾病需要狗狗一辈子服用高价药物。在这种情况下，有时我们也会建议主人将狗狗送给熟人饲养。

有的主人对狗狗的心理压力有着很好的认知，但有的主人却完全意识不到这个问题，不知不觉间给狗狗造成了很大的压力。如果不知道自己的饲养方法会不会给狗狗带来压力，不妨找认识的兽医咨询一下。如果只靠个人或者家人的主观判断，很可能会陷入意想不到的误区。

遭到其他动物或主人的暴力对待

先不提人类的暴力行为，来自同住的其他动物的不友好也不容小觑。长时间下去，可能会导致狗狗变得极端凶暴或者异常胆小

事实上，野生动物也会有精神压力，它们虽然可以在野外世界尽情地自由活动，但相应的就必须要常年和"天敌""饥饿""伤痛""疾病"做斗争。对于狗狗来说，主人可以帮助它们解决这些烦恼，所以多少忍耐一些对自由的限制也是可以接受的。但是必须要注意的是，这种忍耐是有限度的。正如前面讲到的，主人必须要保障狗狗的饮食、运动，并打造一个温度适宜、清洁的饲养环境。

☀ 帮助狗狗释放精神压力并不等同于要过度溺爱

前面我们介绍了一些容易导致狗狗精神紧张的因素。但是不管是人类还是动物，只要活着就不可能完全没有精神压力。帮助狗狗释放精神压力也并不等同于要过度溺爱它们。比如，有的主人长期给自己的狗狗提供太过丰盛的饮食，等到狗狗吃坏了身体，再想要换回普通的饮食，狗狗却坚决不吃。这明显就是溺爱的结果，其实这也会使狗狗形成精神压力。

平常被溺爱惯了的狗狗，在生病或受伤时可能会不配合治疗。有的狗狗平时吃饭都是主人用手捧着好吃的狗粮亲手将狗粮喂到它们嘴里，睡觉也是主人陪在身边睡的。这样的狗狗有时会无法忍受朴素的住院生活。虽然住院能够让它们得到更好的治疗，但在这种情况下，它们精神上的压力导致的不良后果要更加严重。有时候由于狗狗心情太过低落，我们甚至只能让它们提早出院。溺爱会导致狗狗变得连本来应该能接受的事情也接受不了。

如果一种生活习惯注定会导致不好的结果，与其等到不好的结果出现后再重新修正方向，还不如最开始就仔细考虑好，直接培养能够适用一生的生活习惯。所有的生活习惯都是如此。

野生动物也会有精神压力

天敌

饥饿

伤痛

疾病

所以……

有时候不能陪它玩

有时不能给它买它想要的玩具

有时不能给它吃太多它想吃的零食

千万不要因为这些事情而感到愧疚，觉得自己的狗狗太可怜，进而放手给它想要的一切

07 怕热的狗狗也怕夏天

—— 注意！酷暑中狗狗可能比主人更先倒下

虽然不同犬种之间也存在着一些差异，但一般来说，犬类都还是比较耐寒的。我们需要注意的是，犬类也非常怕热。事实上，很多动物都不会排汗，比如牛、猪、鸡等。犬类和这些动物一样，也没有排汗机制。

那么它们如何散热呢？犬类会通过吐舌头、大口喘气等让唾液中的水分蒸发的方式来散热。像虎头犬这种鼻子比较短的短吻犬，散热的能力就比较弱，所以这种犬很容易中暑。（关于中暑请参考第84页）

如果主人年纪比较大了，身体对炎热已经不太敏感，家里不怎么喜欢开空调的话，很有可能会发生主人完全没有感到不适，而家里的狗狗却因为天气太热而先倒下了的情况。

另外，由于犬类和人类的身体构造本就不同，它们的身体没有排汗散热的机能，所以哪怕用风扇给它们散热，也没有太大的效果。

☀ 要避免狗狗中暑，主人应该注意哪些事项

那么我们应该怎么做才能避免狗狗中暑呢？最重要的一点就是确认室内温度。对于比较怕热的狗狗来说，气温超过25℃就算危险状态了。对于稍微耐热一点的狗来说，超过30℃也要开始注意了。另外，人类的体感温度会因为各种因素而有所偏差，所以确认温度时请务必用温度计来准确测量。

犬类的散热方法

哈……

犬类会通过吐舌头、大口喘气来散热，从而给身体降温。它们无法通过排汗来散热

风扇有比没有强，但犬类全身都被毛发覆盖，通过吹风给它们降暑的效果并不会像给人类降暑的效果那样好

使用温度计

每只狗狗怕热的程度都不一样，最好事前掌握好自己狗狗怕热的程度。不过超过 25℃ 基本上就算一个危险信号了。气温达到 25℃ 左右时，比较怕热的狗狗哪怕没有吵吵闹闹，呼吸也会开始变得比较粗重。主人务必要使用温度计来测量室内温度

上限基本是
25℃~30℃

41

温度计应比照狗狗的高度放置，也就是将温度计放置在大约和人类的膝盖同高的位置上。当室内空气循环不充分时，房间内上方和下方的温差有时能达到 4℃ ~5℃。室内饲养最有效的降温方法就是开空调，随着室内的温度和湿度降低，狗狗通过舌头散热的效率也会提高。

室外饲养时需要避免日光直射，可以将狗窝挪到背阴处或两个建筑物中间的通风过道，尽量给狗狗提供一个凉快的环境。另外，如果天气太热，或者饲养的是高龄犬，哪怕只是白天让它们待在玄关也能达到很好的效果。

最近市面上有一些物美价廉的应对狗狗中暑的商品，比如在金属板下面贴上冷却材料的商品等。如果你在寻找除开空调以外的降温方法，不妨去宠物用品店的夏季用品区看看。

不过有的狗狗可能会因为畏惧金属板或者讨厌上面滑滑的感觉而不愿意上去。在这种情况下，主人可以将狗狗的毛剪短或者干脆剃掉，哪怕只是剃掉狗狗和地面接触的腹部的毛发，也是很有效果的，这样它们就可以趴在凉凉的地板上散热了。有的犬种剃了毛之后毛会长得很慢，比如博美、金毛等，对于在意狗狗外貌的人来说，这种方法就不实用了。但是如果是贵宾犬那种毛长得很快的犬种，就可以放心地将它们的毛全部剃光了。

不过自己在家里给狗狗剃毛，有可能在使用电推子等工具时操作不当，从而伤到狗狗的皮肤，所以还是事先找兽医或者宠物美容师咨询一下比较好。

夏天我们能为自己的狗狗做些什么

室内

空调

如果是在室内饲养，可以
开空调降低室温

背阴

室外

冷垫

凉爽

如果是在室外饲养，可以在
狗狗的活动范围内打造一个
背阴处

给狗狗准备一个冷垫，让它趴在
凉凉的金属板上散热也是个不错
的方法

剃毛

剃！

主人在自己给狗狗剃毛时可
能会伤到狗狗，建议找兽医
或宠物美容师咨询一下

☀ 冬天该怎么办

如果是在室外饲养，像柴犬、哈士奇这样的毛比较厚实的犬种，只要在普通的狗窝里铺上几层毛巾就可以了。但是如果你的狗狗是高龄犬，或出于某种原因身体比较羸弱，那么到了晚上还是让它们进屋待着比较好。

另外，毛较薄、体型较小的犬种不太擅长维持身体的温度，就算是在室内饲养，它们可能也会感到寒冷。如果发现自己的狗狗睡着时蜷成了一小团，很可能就是它觉得冷了。

要解决这个问题，最好的办法就是开暖风，但是如果一直用空调维持整个房间的温度，就会产生高昂的电费。宠物用的地面加热器比较省电，但是只能保证狗狗接触的地面部分是温暖的，室内温度太低时不推荐使用，这和人类一直开着电热毯睡觉容易生病是同一个道理。

这里我推荐的方法是在地面加热器上罩上纸盒等工具，给狗狗做一个能积存暖空气的窝，这样热量就不容易散失了。狗狗会像待在被窝里一样，感受到全方位的温暖。

另外，无论是夏天还是冬天，主人觉得合适的温度并不一定同样适合狗狗。我们需要选上几处空间打造出温度差，让狗狗自己选择它们想要的温度。

比如，夏天在屋里开上空调，在狗狗附近再放上一条毯子；冬天不要将通往走廊的门完全关严，让狗狗可以随时从温暖的房间出去，到寒冷的走廊上散热等。让狗狗自由选择想要的温度是最理想的做法。

冬天我们能为自己的狗狗做些什么

温暖的空气
不再扩散

用纸箱等工具隔出一个空间的效果非常好。如果再在纸箱的正面挂上帘子，让温暖的空气能够积存在箱子内，这样做的效果就更好了

尊重狗狗
自己的意愿

尽量打造一个能让狗狗自己选择想要的温度的环境，比如可以开着门等

08 狗狗的怀孕与分娩

—— 阵痛较弱时主人需要多加注意

在古代的日本，狗狗是平安分娩的象征。但其实这种说法只针对自古以来就有的杂交犬以及各种日本犬，也就是中型以上的犬类。在顺利的情况下，人类几乎不用帮忙，这类母犬也会非常顺利地分娩。最多也就是帮它们用棉绳绑一下脐带，其他时候只要远远地看着就行了。

如果狗狗明显难产了，请马上联系宠物医院。并且我们需要特别注意狗狗阵痛较弱的情况。有的狗狗羊水已经破了，看起来却一点都不疼，还是一副若无其事的样子，这时主人很容易就认为再观察一下就好，但其实有时需要用到催发阵痛的药剂，或进行剖宫产。犬类一般是在夜间生产，如果发现了上述情况，请通知一下能够接收夜诊的宠物医院。大多数宠物医院都不接收夜诊，所以事先找好能够接收难产夜诊的宠物医院非常重要。另外，请在狗狗怀孕 55 天左右的时候，带它去宠物医院拍片检查一下腹内怀了多少只狗崽。

☀ 小型犬分娩时的危险出人意料地多

母狗的体型越小，狗崽当然也就越小。但是 20kg 的母狗怀 0.5kg 的狗崽，和 3kg 的母狗怀 0.2kg 的狗崽，哪种情况对母狗来说负担更重不是显而易见吗？当然是 3kg 的母狗怀 0.2kg 的狗崽对母狗来说负担更重。

尤其是瘦弱的小型犬，在生产时狗崽可能会卡在产道中出不来，需要剖宫产的小型犬并不少见。下面我将介绍一下兽医遇到这种情况时会怎么做，仅供大家参考。

虽然狗狗大多可以平安分娩……

对于日本自古以来就有的中型以上的犬种来说，大多数时候它们都是可以平安分娩的，但一些西方的小型犬种有时可能会难产

事先去宠物医院确认
怀了多少只狗崽

请在狗狗怀孕 55 天左右的时候，带它去宠物医院拍片检查一下腹内怀了多少只狗崽。如果主人不知道自己的狗狗怀了多少只狗崽，就无法知道生下几只才算结束。有时最后一只狗崽会和前面已经生下来的那些狗崽间隔很久才能生出来

羊水已经破了却没有分娩
征兆的情况非常危险

狗狗的羊水已经破了，却完全没有继续分娩的表现时，请联系兽医。这种情况非常危险，可能是母狗体内的狗崽很衰弱导致的，有时需要用催发阵痛的药剂或剖宫产才能解决

当狗崽的头或者屁股已经出来，到可以用手抓住的程度时，兽医会用手将狗崽拽出来。狗崽是被羊膜包裹着的，如果感觉太滑不好抓，可以将羊膜撕破（羊膜也可能中途自然破开）。我曾听说过兽医在强行拽出狗崽时太过用力，不小心把狗崽拽断的情况，万幸的是我还没遇到过这种情况。

这种处理方法很危险，但是狗崽生到一半被卡住时的这个状态，正好是狗崽处于血液循环从胎盘循环切换到肺循环的瞬间。换句话说，如果这时候我们犹豫了，狗崽很快就会窒息而死，所以我们只能想办法让它尽快出来。一位主人曾经求助于我，当时情况已经紧急到不允许该主人将母狗送到医院了，我是通过电话口头指导那位主人将狗崽拽出来的。万幸的是最终一切顺利，但我们还是应该尽可能赶在狗狗分娩之前将狗狗送到宠物医院。

当狗崽出来后，我们要马上将羊膜剥掉。狗崽被产道挤压的肺到这时才第一次吸入空气，然后狗崽就会开始叫了。如果不赶快做完这一步动作，狗崽就会窒息昏厥、再次吸入羊水，然后羊水就会呛进它们的气管里。如果遇到这种情况，我们就要甩动狗崽，利用离心力将呛在气管中的羊水甩出去。刚出生的狗崽身体非常柔软，我们需要稳住它们的头部，像用锄头锄地一样由上至下甩动。

确认狗崽有呼吸了之后，我们需要用家中常见的普通棉线将狗崽的脐带绑起来，绑的位置大概离狗崽的肚皮 1cm 就可以了，然后再在距离绳结 1cm 左右的地方将剩下的脐带用剪刀剪断。接着要用柔软的毛巾轻轻擦拭一下狗崽的身体，然后就可以将狗崽放在母狗旁边，让母狗将狗崽舔干净，或者准备和人的体表温度差不多热度的水将狗崽擦洗干净。

大部分母狗都会一边舔舐自己的狗崽一边给狗崽喂奶，但偶尔也会出现母狗不管自己的狗崽，甚至咬死自己的狗崽的情况。在这种情况下，就只能由兽医或主人来帮狗崽做出生后的护理工作了。但是初乳是必不可少的，哪怕是由人来控制住母狗，也要让狗崽喝到初乳，之后就可以由人来给狗崽喂奶。狗崽出生后，我们需要先给狗崽保温，然后细心地给它们喂奶，并让它们排泄，但狗崽因过于衰弱而死亡的情况也并不少见。

等所有的狗崽都生下来，且母狗与狗崽的情况都稳定了之后，我们也就能暂且安心了。虽然胎盘晚点回收也可以，但有的母狗会吃掉胎盘，这很容易引起腹泻，所以尽早回收比较好。

要特别注意小型犬的生产情况

哪怕两只母狗的体重相差 10 倍，它们怀的狗崽的体重却不会相差太多。对于小型犬来说，相对于母狗的体重，狗崽的体重还是比较大的，因此会给母狗带来很大的负担。小型犬生产时，狗崽有时会卡在产道里生不下来

09 你了解狗狗的绝育手术吗

—— 考虑到狗狗老后的健康，应该给它进行绝育手术

　　如果你没打算让自己的狗狗繁衍下一代，还是尽量给它做绝育手术比较好。公狗摘除睾丸，母狗摘除卵巢与子宫即可。第51页总结了绝育手术的一些优缺点。首先结论是优点多于缺点，因此兽医基本上都会推荐给狗狗做绝育手术。但是有很多主人一想到手术，就会觉得自己的狗狗太可怜了。这种心情不难理解，但是也请这些主人好好思考一下，是做绝育手术可怜，还是等到之后狗狗得了更严重的疾病而不得不接受更加危险的手术可怜。

　　当然并不是所有的狗狗最后都会患上这方面的疾病，不过母狗在这方面的疾病很多从外在表现都是看不到的，所以如果没有做绝育手术，以后可能每次有点什么异常，主人都要怀疑自己的狗狗是不是得了子宫蓄脓症。如果发现得不及时，危险程度当然也会更高。

　　绝育手术是在狗狗处于麻醉状态下进行的，等到它们醒过来，基本上都不会觉得太痛。所以绝育手术对狗狗来说或许并没有主人想象的那么可怜。

　　还有的主人觉得自己的狗狗是上天赐予的宝贝，不想让健健康康的狗狗挨手术刀，这是在充分了解了疾病的危险程度后仍然坚持做出的选择。绝育手术并不是强制性的，既然主人这样想，我们也不会再多说什么。但是在这种情况下我都会多加一句要求："那请千万不要在狗狗生病后又崩溃地哭喊'后悔'。"

绝育手术的利弊

去势手术

优点
- 公狗的骑跨行为和标记行为会减少，攻击性降低
- 减少因雄性激素过多而产生的疾病（例如前列腺肥大、会阴疝气、肛门腺肿等）

缺点
- 无法繁衍下一代
- 更容易发胖

避孕手术

优点
- 母狗不会再得子宫、卵巢方面的疾病（例如卵巢肿瘤、子宫蓄脓症等）
- 患乳腺肿瘤的概率降低
- 主人不再需要为照顾发情期的母狗而烦心

缺点
- 无法繁衍下一代
- 更容易发胖
- 可能会变得容易失禁，但这种情况非常少见

隐睾症是什么

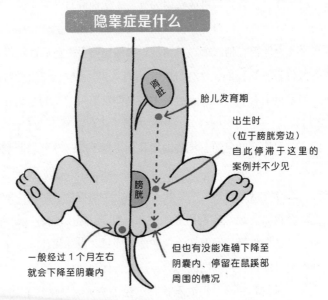

肾脏

胎儿发育期

出生时
（位于膀胱旁边）
自此停滞于这里的案例并不少见

膀胱

一般经过 1 个月左右就会下降至阴囊内

但也有没能准确下降至阴囊内、停留在鼠蹊部周围的情况

隐睾症是指睾丸没能准确下降至阴囊内，而是停留在了体内其他地方的病症。这种病症会引发各种疾病，需要尽早进行手术

❖ 如果狗狗的身体出现异常情况，兽医也可能强烈建议进行绝育手术

不过，如果狗狗的身体本来就存在异常情况，那就要另当别论了。在这种情况下我可能仍会强烈建议主人尽早给狗狗进行绝育手术。公狗在这方面常见的病症有隐睾症。小狗出生时睾丸本来是在体内的，一般1个月左右后就会经过鼠蹊部下降至阴囊内，但是有的小狗可能会出现睾丸在中途因为某种原因停滞不前，最终没能正确归位的情况。

睾丸本来应该在阴囊中接触外部的凉爽环境，但隐睾症则会导致睾丸一直处于体内温暖的环境中，过上几年就会发展为肿瘤了。不同的癌细胞会产生不同的症状，比如癌细胞转移、激素分泌异常、骨髓机能降低等，很可能会危及生命。如果狗狗的睾丸没能正确降至阴囊内（哪怕只有一边没有归位），请不要拖延，应尽早带它进行手术。

另外，一些公狗可能会因为雄性激素而脾气非常不好，这种情况主人必须要正面应对，努力调教好自己的狗狗，另外，尽早带它做去势手术也能很好地缓解这种情况。虽然也有手术前后性格没什么变化的案例，毕竟我们无法保证一定会有效果，但如果你的狗狗在性格、行为举止上有些问题，去势手术还是非常值得尝试的。另外，如果已经是上了一定年纪的公狗，再做去势手术可能就不会有什么效果了，因为它的性格已经随着年龄的增长而定型了，这时再想调整已经比较困难了。

母狗在这方面常见的症状有乳腺上生出疙瘩、阴部流脓等，这时主人会很着急地把狗狗送到医院来。乳腺上生出疙瘩就是乳腺肿瘤，如果是初期阶段，只要切除病变部分即可，但如果任其继续发展，癌细胞则可能扩散到周围的乳腺，甚至转移到别处。切除手术需要切除乳腺、子宫和卵巢，但狗狗这时已经生病了，身体并不是那么健康，所以其风险还是很大的。有时子宫里的脓液积蓄得过多，体内的子宫

甚至可能破裂，这时狗狗就会陷入休克状态，死亡的概率会急剧攀升。

乳腺肿瘤容易在受到发情时的激素刺激时产生，从狗狗的健康、体力等方面考虑，绝育手术还是应该在狗狗还小、生命力旺盛的时候尽早进行。

"先发制人"可以大幅降低狗狗年长后的风险，这里推荐大家都去向自己熟悉的兽医咨询一下。我希望大家都能了解正确的知识，想通之后做出一个将狗狗的幸福放到第一位的选择。

乳腺肿瘤是什么

初期时会出现一个至数个大豆大小的肿粒

发展之后会向周围扩散，发生转移，还可能会破裂化脓

乳腺肿瘤是母狗的常见病症，肿瘤发展后会扩散、转移到乳腺以外的地方。一旦发现狗狗有乳腺肿瘤，请务必要在它还年轻、体力充沛的时候进行手术

10 发生地震时应该如何保护狗狗
—— 请一定要在狗狗身上留下主人的联系方式

日本自古以来就是一个频繁受到地震、火山爆发等大规模自然灾害侵扰的国家。据说在不久的将来，日本的城市地区将会遭遇大型地震，需要为此做好准备的不只是我们人类，还有我们的狗狗。我们平常就应该做好准备，至少应保证在救援到来之前能够做到持续几天的自给自足。

狗狗要喝的水可以和人共用，但狗粮和狗狗的常用药一定要备足，永远留下一周左右的用量。对于非常时期的饮用水要准备和我们平常喝的水的成分差不多的软水，如果准备的是不常喝的进口硬水，到时则可能引起腹泻，人和狗狗都是如此。

遇到灾害时，常去的宠物医院很可能也无法正常营业了，所以请事先问好兽医给自己的狗狗开的药物的具体名称以及用量，了解了药物信息，就可以更方便地从别的医院找到自己的狗狗要用的药物了。

如果自己的房屋受灾情况严重，为了安全起见，主人可能需要到避难所生活。这时狗狗很可能会被限制，不能和主人同行，只能被集中隔离到别处，由志愿者团体照顾。最坏的情况则是最后因太过混乱而彻底搞不清自己的狗狗究竟在哪里、由谁负责管理。

灾难降临时狗狗还可能直接慌乱逃跑，就此下落不明。所以请在自己狗狗的项圈上加一个刻有自己联系方式的结实点的名片吧。

我们应该准备哪些应急物品

准备和我们平常喝的
水的成分差不多的软水

准备狗狗
习惯吃的狗粮

准备狗狗
常用的药物

受灾时主人可能无法和狗狗待在一起

请务必给自己的狗狗戴上留有自己联系方式的项圈，或植入一个微型芯片。在灾难中身份不明的猫、狗等宠物，可能会有志愿者帮忙找新的领养人。另外，也会有人趁火打劫，在这种非常情况下抓捕、偷盗别人的宠物犬、宠物猫

☀ 推荐给狗狗植入一个微型芯片

最近几年，给宠物植入识别芯片的手术终于也在日本普及了，这在发达国家中算是晚的了。这种手术是在宠物后背的皮肤下植入一个米粒大小的信号发射器，之后再用读取机器扫描，就可以显示出宠物的 ID 编号，将编号和管理机构的资料对照后就能调取出主人的信息。这样即使宠物被当作流浪动物捕获，则其再次回到主人身边的概率也会增大。

不过遗憾的是，现在卫生站等机构不一定都配备了这种读取机器，相关部门对这一问题也尚未表现出充分的理解和支持，所以这并不是一个万无一失的方法。但是为了避免狗狗的项圈因为某种原因而丢失，从而找不到主人的情况，还是推荐给狗狗植入一个芯片。现在就有一些宠物商店会给店里所有待售的狗狗都植入芯片。今后即使给狗狗植入芯片不会被写入法律并要求强制执行，相信大部分主人应该也都会这么做的。这种手术非常简单，只要找到能做这种手术的宠物医院就可以了，请一定要去咨询一下。

另外，如果是在夏天遭遇灾害，很可能就无法使用空调。对于身体比较羸弱的狗狗来说，没有空调可能会很危险。这一点不仅仅是指气温，如果狗狗在当地生活比较困难，可以事先和外地的亲戚、朋友商量好，早点将狗狗送走（在交通仍然正常的情况下）。

一些经历过灾难的人表示，在这种紧急时刻，邻里之间的交情好坏是非常重要的。但是大城市中的邻里关系往往都比较淡薄，所以最好平常能够多和邻里互帮互助，建立起良好的人际关系。

选择结实不易断的项圈

务必要选择足够结实的项圈，名片最好是直接缝在项圈上的。挂坠型的名片有可能会被别的东西刮掉

推荐给狗狗植入微型芯片

狗狗用的微型芯片是用大型的注射器注射到皮下的。有的人可能会误以为这种手术很残忍，其实并非如此

为什么现在仍然需要注射狂犬病疫苗

狂犬病是狂犬病病毒引发的传染病，所有的哺乳类动物都可能被传染，这是一种一旦发病，死亡率就高达 100% 的可怕疾病。因此，每年给狗狗接种狂犬病疫苗是法律规定的义务。

放眼世界，狂犬病现在仍然存在。在全球化背景下，人和动物的交流往来如此频繁，病毒就很可能扩散。

接种疫苗是一种应对危险疾病的保险。如果身边有一位自以为一定不会出事故，因而不愿意购买车险，却还随便开车的人，你会怎么想呢？而且车祸和狂犬病影响的不只是自己，还有可能会剥夺他人的生命。

第 **2** 章

让狗狗长寿的运动

跑

11 为什么胖狗不管怎么遛都不会瘦
——不要妄想一直遛狗就能让狗狗减肥

遛狗的意义主要包括以下 3 点。

① 放松心情

② 运动

③ 驯狗

但这并不代表遛狗只是把狗狗带出家门让它随便跑跑就好了。下面让我们先来看第一点。

① 放松心情

有的狗狗可能会非常讨厌室外环境，出门就站着不动，甚至可能会出现失禁的情况。人类很容易先入为主，觉得所有狗狗都会喜欢散步，但事实并非如此。如果狗狗不喜欢散步，主人却硬要拉它出去，可能反而会给它造成精神创伤；有的主人甚至会硬拖着不愿意动弹的狗狗移动，拽得狗狗的脖子、脚底都很痛。如果狗狗还小，可以循序渐进地慢慢训练它，直到它愿意出门；如果狗狗已经成年却依然讨厌散步，可以考虑就让它一直待在室内。

相反，也有的狗狗会不知疲惫，散起步来就没完。在这种情况下，主人要在它筋疲力尽之前就带它回去。如果放任自己的狗狗，让它想跑多久就跑多久，到最后它没了体力，可能就只能由主人抱回去了。

对于高龄犬和体质较差的狗狗来说，散步不需要走得太远，只要带它在附近走上一会儿到处嗅嗅味道就可以了；或者把狗狗放到小推车上，带它去它曾经喜欢的地方转转，狗狗也会非常高兴。

狩猎犬、牧羊犬都需要保持一定的运动量

狩猎犬中比较有名的有爱尔兰雪达犬等

牧羊犬中比较有名的有喜乐蒂牧羊犬等

② 运动

有很多主人都觉得遛狗就能让狗狗减肥，这其实是一种误解。犬类和人类不同，它们的身体构造是很适合持续性的远距离奔跑的。遛狗只是为了不让狗狗的身体变得迟钝而进行的一种锻炼而已，达不到减肥的效果。千万不要觉得让狗狗一直奔跑它就会瘦了，让狗狗过度奔跑甚至可能会导致它的关节出问题或受伤，却并不会让它消耗多少热量。小型观赏犬只要稍稍散一会儿步就足够了。

不过，狩猎犬、牧羊犬之类的犬种却需要足够的运动量。如果你养的是狩猎犬或是牧羊犬，建议还是带狗狗去有遛狗设施的地方，让狗狗能够尽情地自由奔跑一段时间比较好。不过，有的地方可能并没有这种条件，这时候就只能努力陪着它在路上奔跑了（主人可能会很累）。不同狗狗的情况可能会存在差异，不过对于一般在家中活动量不太够的大型犬，基本上花上数十分钟遛够 3km 就差不多了。

③ 驯狗

驯狗并不是说每次要先和狗狗说上一句开场白"现在我要开始教育你了"，然后就开始刻意地驯狗；而是要在日常生活中潜移默化地告诉狗狗"谁是这个家的主人""怎样会得到褒奖""怎样会被责骂"等（对于一些难以训练成功的事情，可以在此基础上再增加专门的训练时间对狗狗进行教育）。

遛狗时，大部分狗狗都会朝着自己想去的方向狂奔，这时候如果主人顺从地跟上去，掌握行动主导权的就成狗狗了。我们应该缩短牵引绳，当狗狗不听话、乱跑时就拽住它，告诉它谁才是主人。最近市面上出现了一些适合做这种训练的调教项圈，可以去宠物商店买一个然后合理利用。最理想的情况就是狗狗能够在主人旁边并排小跑，这样主人和狗狗既不会离得太近，也不会离得太远。

有助驯狗的调教项圈

摄影协助：happylabs

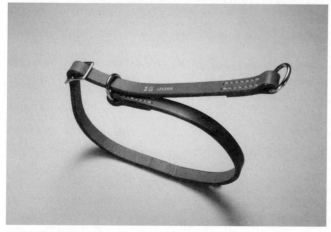

这种调教项圈叫作"Choke"。当狗狗乱跑时，在主人拉住牵引绳的一瞬间，这种项圈会勒紧狗狗的脖子，相当于给狗狗一个信号，告诉它"不许乱跑"。照片上的调教项圈是皮质的，还有效果更好的金属锁链项圈

12 遛狗时可能会发生的意外①

—— 肉垫受伤、关节炎、扭伤、项圈导致的问题

正如前面讲到的，如果教育得当，狗狗散步时应该是非常乖巧听话的。但是实际上很多狗狗都像雪橇犬拉雪橇似的横冲直撞。因散步时横冲直撞而受伤被送到宠物医院的狗狗数不胜数。

❀ 肉垫受伤

狗狗在全力奔跑的时候，脚底和地面之间、身体的各个关节之间、脖子与项圈之间都会产生极大的摩擦，从而加重狗狗的负担。尤其是常在室内的狗狗，它们的肉垫平常就没受过什么刺激，是非常柔软的，如果和沥青地面发生强烈摩擦，很容易就会被擦伤。

遛狗时可能不容易发现，回到家之后看一眼狗狗的脚底，主人可能会突然发现本来应该被黑色的角质层覆盖的肉垫的皮下组织已经开始渗血。肉垫是会一直和地面接触的部位，一旦受伤就很难痊愈。

除了肉垫本身受伤之外，狗狗可能还会同时得趾间炎，就是脚趾之间的柔软皮肤红肿发炎。出现这些病症的原因不仅仅是散步时脚趾的负荷过重，还有一个原因是犬类的身体构造。它们的脚本来只适合走在土地或草地上，并不适合混凝土、沥青地等摩擦力过大的地面，还请各位主人记住这一点。

❀ 关节炎和扭伤

关节炎并不一定会发生在某些特定的部位，也不全是由运动引起的。遗传因素、免疫异常、感染性疾病等也可能会引发关节炎，但如果让狗狗持续进行负荷过大的运动，可能会导致它的股关节、

注意肉垫受伤

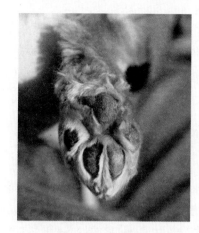

狗狗的肉垫还是比较
结实的，但如果摩擦
过度，依旧可能会红
肿擦伤

注意关节炎

散步时的地面情况太差很容易让狗狗受伤，所以请一定要选好遛狗的地方

65

膝关节、脊椎关节变形、疼痛。这种病症无法根治，主要靠抗炎症药物等内科方式治疗。

运动负荷瞬间变大可能会导致狗狗的韧带挫伤，产生疼痛感，宠物医院有时会接诊这种被主人护着腿过来的狗狗。在地面情况比较差的地方行走时，无论是人还是狗都应该注意不要扭伤。其实不要在那种地方走就好了。

☀ 项圈压迫颈部、安全绳导致磨伤

项圈如果过度压迫颈部皮肤，可能会导致狗狗脖子上掉一圈毛或起一圈湿疹。特别是脖子的下半部分最容易受伤，因为那里是主人拽牵引绳时摩擦力最大的部位。如果狗狗的皮肤被完全磨破且产生溃烂，那么就算之后治好了，伤处也不会再长出新毛了。

过细的项圈以及接触面太粗糙的项圈最容易导致狗狗受伤，所以项圈要选择比较宽的、材质柔软亲肤的。也可以考虑用和狗狗身体接触面积更大的安全绳来代替项圈，但这也可能会导致主人更加无所顾忌地拽着狗狗，最终让狗狗被安全绳磨伤，或让狗狗的脚底和关节的炎症恶化。

以上这些问题如果情况严重就会非常棘手，所以需要尽早治疗并改正不良的遛狗方式。要预防这些问题只有一个办法，那就是教育自己的狗狗，让它懂得节制、不能过多散步。如果狗狗伤情较重，我甚至会下一个长期禁足令。有的人认为不能让自己的狗狗自由奔跑，它们会很可怜，但是因为受伤而不能运动显然更可怜。主人的职责就是让狗狗适度运动。

项圈压迫颈部

跑

如果狗狗总是喜欢拽着你跑，就需要注意这个问题了

使用不容易伤害到狗狗的安全绳吧

太细的安全绳容易摩擦皮肤或压迫颈部，所以最好选择和狗狗身体接触面积比较大的安全绳

13 遛狗时可能会发生的意外②
—— 趾间炎（脚趾缝隙间的感染病）

下面将详细介绍前面提到的趾间炎。犬类的身体有一些皮脂腺集中的部位。你可以尝试闻一闻自己狗狗的脚尖和耳朵，应该会闻到犬类特有的味道。犬类脚趾间的柔软部位以及耳朵内部的皮肤上都有分泌腺，这是它们产生特有味道的源头。这种分泌腺在犬类的全身都有分布，并与肛门腺（犬类肛门旁边的臭腺）一同散发出犬类特有的味道。这些部位即使在狗狗健康的时候也一直是潮湿的，可以说是随时都可能发生炎症的地方。

而犬类的脚底经常会处于不干净的状态，并且正如前面讲到的，这个部位还很容易受伤。耳朵也是如此，如果不将毛发清理干净，犬类耳朵的透气性就会很差，很容易发炎。所以皮肤问题多发的狗狗最先得的往往是趾间炎或者外耳炎。

如果狗狗走路时只是适度用到了肉垫还好，但运动负荷过重或行走在路况太差的地面，都可能会导致狗狗的肉垫出现一些细小的伤口。散步后狗狗可能会觉得脚底有些刺痒，然后就会开始舔自己的肉垫。脚趾间的环境本就潮湿闷热，伤口、细菌，再加上唾液中的水分，会导致炎症快速恶化。有时狗狗舔上一晚上，伤处在第二天早上就会肿大。

如果狗狗只是偶尔舔一下伤处倒还无所谓，但如果它特别在意，总是要舔伤处，那么在伤处痊愈之前可以暂时给狗狗戴上伊丽莎白圈。不过这会给狗狗带来精神压力，能不用的话还是尽量不用。

☀ 应对方法是不要给狗狗的皮肤增添负担

要避免上述问题，遛狗时就要选择平坦的、路况好的道路。还要注意不能让狗狗在家中的地毯、榻榻米上疯跑、滑行。

遛狗回来后，不仅要检查狗狗的趾间，还要大致检查一下它全身的皮肤状况，看看有没有虱子、跳蚤、外伤等。越是下面的地方越不容易观察到，也越有可能隐藏着什么伤处，可以在光线好的地方把狗狗翻过来，一边和它玩耍一边仔细检查一下。

遛狗后要注意通风干燥，帮狗狗做好清洁，不要让它舔舐或抓挠自己。我在遛完狗后都会用杀菌清洁剂给狗狗轻轻清洗一下爪子再让它进门。很多主人会觉得反正狗狗的爪子也很脏，用抹布用力擦几下就好了。其实狗狗脚底的皮肤和其他部位的皮肤一样，过度摩擦也会导致趾间的皮肤受伤，所以请轻轻地帮它清洗干净。

趾间	外耳门周围

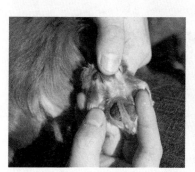
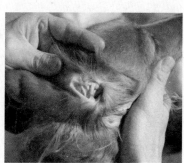

由于脚底一直和地面接触，趾间部位很容易藏污纳垢，也很容易受伤，加上趾间部位不透气，就容易引发炎症

垂耳犬种耳朵的透气性很差，结构也很复杂，特别容易藏污纳垢

14 遛狗时可能会发生的意外③

——交通事故

交通事故往往是最无法让人释怀的一种意外，这是因为狗狗遭遇交通事故大多数时候都是因为主人的不小心。与癌症、衰老这种不可抗力的死因不同，交通事故完全属于人祸，如果小心一点，这种意外本来是可以避免的，所以也更令人无法释怀。

根据我的经验，在狗狗遭遇的交通事故中，半数都是因为主人遛狗时没有给狗狗拴狗绳。在车辆不太多的地方，经常能看到一些主人遛狗时不拴狗绳。那些狗狗也习惯了这样，要么紧紧跟着主人，要么就跑在主人前面，不断在主人前方10m左右的地方与主人之间往返，蛇形移动。但是，狗狗可能会忽然跑到车道上去，或忽然朝着什么东西跑去，这种时候就容易发生交通事故。

我刚搬到现在这个公寓的时候，就差点撞上一只本来在路边梳毛的喜乐蒂。那只喜乐蒂似乎是看到了马路对面有一只猫，忽然就冲到了我的车前。拿着毛刷的老婆婆吓了一跳，她就像一个被马拖拽着的牧童一样被那只喜乐蒂拖着，由于我本来开得就很慢，所以勉强刹住了车，最后没出什么事。但是当时我脑海中一个新闻标题一闪而过——"人间惨剧！一名兽医在自家门口轧死老人爱犬"。

很多主人都喜欢说"我家宝宝又乖又聪明，绝对没问题"，但狗狗毕竟是动物，动物经常会有一些突发行动。我们在遛狗时必须时刻给狗狗套上狗绳，做好随时能够应对它们的突发行动的准备。

另一半事故发生的原因则是主人使用卷尺型伸缩式狗绳不当。这种狗绳本来是被用来在公园中放长，好让狗狗可以到处跑的，但有的

正确使用伸缩式狗绳

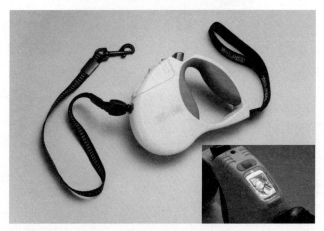

这种伸缩式狗绳可以只在主人想要放长绳子的时候才会伸长，用起来十分方便。但是我们需要注意使用方法。最好选择照片上这种带有手电筒功能、能够提醒司机和路人注意狗狗位置的产品

狗绳太长容易导致事故发生

> 如果狗绳太长，当狗狗横向移动时就无法及时制止它了

狗绳太长，狗狗就能横向跑出很远，万一跑到车道上就危险了

71

主人会在马路上将狗绳放长。被长长的狗绳牵着的狗狗，如果突然横向移动会怎样？狗狗的移动范围是以狗绳为半径的一个圆，狗绳如果过长，狗狗就能轻松蹿到车道上去，这样很容易发生事故。因使用卷尺型伸缩式狗绳而导致狗狗出事的主人几乎都没有意识到这种危险。我们一定要在了解了这种狗绳的正确用法后再使用。

我们在带狗狗散步的时候，要远离车道，最好走有路缘石的人行道。

☀ 遇到事故请马上去宠物医院

无论是被汽车还是被摩托车直接撞到，狗狗都会受到致命的伤害。为了哪怕是一线的希望，主人也应该立即将其送到最近的宠物医院，不能因为觉得狗狗的伤势看起来只是一点擦伤就犹豫不决，因为狗狗的病情可能会马上恶化。以前我曾在晚上接到过一位狗狗主人的电话，她说自己的狗狗被车撞了，但看起来没什么大碍，能不能就这样继续观察着，我表示以防万一还是来医院检查一下比较好。但是30分钟后，那位主人从出租车上下来时，怀里抱着的狗狗已经没有呼吸了。

我检查了一下，发现那只狗的舌头和黏膜都已经变白了。它是在车里逐渐失去意识的，体内的大血管被撞破了，发生了内出血。这种难以确定受伤位置的大规模内出血以及内脏破裂，即使在白天发生事故后马上送进医院来进行紧急开腹手术，治愈的可能性也很低。所以我只能告诉那位主人，"狗狗受伤的位置很不凑巧"。

不过，也有一些狗狗的伤势看起来似乎很严重，最后却发现狗狗只受了一点挫伤。曾经有只狗狗被送到医院的时候鼻腔已经出血了，意识也涣散了，最后却发现狗狗只是暂时得了脑震荡。但是这种幸运的情况毕竟是少数，我们不能寄希望于这上面。遛狗的时候一定要拴上狗绳，使用伸缩式狗绳时一定要慎重。当然，在车流量大的地方要特别注意。最后，如果不幸遇到了事故，请不要自行判断，要马上将狗狗送去宠物医院。

遛狗时一定要拴上狗绳

看着就危险！

"我家的狗狗不拴狗绳也会跟着主人"——这只能代表狗狗的性格好，并不是允许主人不拴那根保命绳的许可证

15 学会对轻伤的急救处理
—— 运动时指甲断了，皮肤、眼睛等受了外伤

首先我要声明的是，急救处理说到底不过就是应急措施，在大多数情况下都需要去医院进行正规的后续治疗。所以即使做了急救处理，之后也要尽早将狗狗送到医院。也可以先给宠物医院打电话咨询一下。如果是在晚上出的事，不知道能不能等到第二天早上再去治疗，可以先给晚上也在营业的宠物医院打电话咨询一下。下面让我们来看一些常见的急救处理方法。

☀ 指甲断了

在狗狗的指甲长得太长，而主人又忘记修剪的时候，指甲就很容易折断，不过即使指甲长度正常，剧烈运动时也可能发生断裂。狗狗的指甲断裂时会非常疼，还可能会出血，在这种情况下主人往往也会非常着急。这时血和毛混在一起，一般很难看清具体情况，主人要做的就是确认到底是哪个指甲断了，确认之后用纱布或者纸巾盖在伤处，然后稍稍用力握住狗狗的爪子，大约握手的力度就可以了，这样应该在2~3分钟就能止血，基本上不再出血后就可以不用握住了。另外，请尽量不要在晚上给狗狗剪指甲，不然也可能会让狗狗受伤。

☀ 皮肤受伤①（剪刀等割伤）

我经常接到这样的咨询：遛狗时狗狗被尖锐的东西割伤了，或自己给狗狗修剪毛球时不小心用剪刀剪到了狗狗的肉等，该怎么办？软膏会影响伤口愈合，请不要给狗狗使用软膏。有些时候由于伤口意外地没出血，所以有的主人会放着不管，结果最后还是要去医院。如果

指甲折断时怎么办

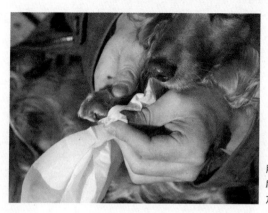

用纸巾或者纱布包着，然后稍稍用力握住受伤的地方，耐心等待至出血停止

皮肤受伤①（剪刀等割伤）

耳朵下、腋下、臀部都是容易起毛球的地方。很多主人都会帮狗狗修剪毛球，但是请一定要用剃毛器修剪毛球。宠物医院经常会接收一些被主人不小心用剪刀剪到肉的狗狗

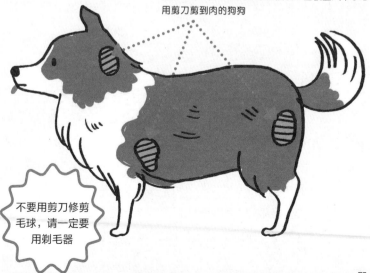

不要用剪刀修剪毛球，请一定要用剃毛器

是被锋利尖锐的东西割伤，马上缝合伤口就能尽早治愈。可以先用家庭常备的消毒液冲洗掉伤口上明显的污物，接着用创可贴大致贴住伤口并保持伤口干燥，然后尽早将狗狗送到医院。如果伤口发炎或化脓了，那么要治愈就需要花费很长时间了。

☀ 皮肤受伤②（打架、咬伤）

狗狗被其他动物咬伤时，虽然伤口看起来只是一个很小的洞，但动物的牙齿咬出的伤口其实非常深，里面还会有很多可怕的细菌。如果伤口在狗狗的躯干上，那些细菌有可能会通过肌肉进入内脏，有时甚至会导致受伤的狗狗死亡。如果乍一看搞不清楚伤情的严重程度，哪怕是在晚上出的事，也应该马上将狗狗送到医院。如果只是四肢受了一点小伤，也可以第二天一早再去医院。

☀ 皮肤受伤③（烫伤）

狗狗被烫伤后，应该马上用自来水冲洗伤口。如果狗狗体表的毛发吸收热水后长时间没有得到处理，最后伤情可能会比主人想象的要严重得多。受伤面积越大，之后发生休克的可能性也越高，狗狗被烫伤后，主人应该第一时间将它送去医院。

☀ 眼睛受伤

眼睛是一个非常敏感的器官。除了组织是透明的这一性质以外，眼球透光的中心地带还没有血管。眼球是通过眼泪以及内部循环的水来接受氧气和能量的。和其他部位不同，眼睛一旦受伤，就很难再治愈了。很多狗狗会在散步时撞伤眼睛，或是在和其他动物打架时被咬到眼睛等。要注意眼睛受伤情况不同处理方法也不同。如果是眼睛受伤了，主人还是马上带狗狗去医院比较好。

皮肤受伤②（打架、咬伤）

{ 化脓过程 }

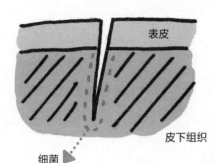

刚受伤时

乍一看就像是用很细的小刀戳出的一个小小的伤口，但其实里面附着了动物口腔内的大量细菌

2~3 天后

皮肤表层已经愈合，伤口看起来就像是已经好了，但其实伤口内部正在化脓

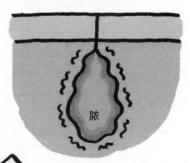

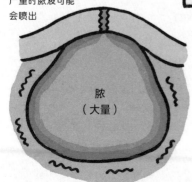

严重时脓液可能会喷出

5~7 天后

伤口周围肿起，狗狗会感到非常疼痛。很多主人都是在这时才注意到狗狗的伤情的。伤情发现得越晚，治疗起来就越难

16 注意预防误食毒物
—— 如果狗狗改不掉乱捡东西吃的毛病，
可以给它戴上嘴套

以前家猫和家狗都是放养的，可以在附近的农田随便活动，生活得很自由。这种放养方式曾经是没有问题的，但现在农田已经变成了密集的住宅区，放养的方式就不再可行了。放养的狗狗可能会破坏别人的院子或者咬伤路人，还有些没有公德心的主人遛狗时不清扫自家狗狗的粪便，街坊邻里间可能会因为狗狗而产生矛盾，所以现在狗狗大多是在自家圈养的。

但是我们还是时常会看到一些新闻，有的人被动物袭击受伤后，会反过来伤害动物。其中一种伤害动物的方式就是投毒。有些投毒的人是心理有问题的，享受这种恶劣行为；但有的人则是被一些没有公德心的主人和狗狗所打扰的邻居，忍无可忍之下才用了这样的过激手段。

事先说明，我并不是维护投毒这种恶劣行为，但是有些主人确实缺乏教养，所以才导致了这样令人遗憾的事情发生。各位养狗狗的人士，趁这个机会请再反思一下自己的饲养方式有没有给邻居添麻烦，有没有处理好狗狗的大小便，狗狗的大小便有没有散发恶臭影响他人，狗狗有没有发出噪声影响他人、有没有破坏邻居的东西，或是咬伤、抓伤过他人？请好好回想一下，以后多加注意。说不定你的饲养方式在某个意想不到的方面给他人增添了麻烦。

☀ 一旦误食毒物就没救了，应对方式只能是预防

投毒一般都是将毒物混在食物中，偶尔也有直接撒在地上的。我见过的最残忍的狗狗中毒事故中，是一只狗狗舔了附着在电线杆上的

粉状物后开始吐泡泡，被送到医院3小时后就不治身亡了。我们检查它的血液发现是重度的肝功能异常症状，但常规检查无法查出具体的毒物名称及中毒原因。那只狗狗的主人大概猜到问题出在哪里，跑回去想要取样时，却发现电线杆上已经被泼了水，毒物都被冲掉了。

你的饲养方式有没有给周围的人添麻烦

① 有没有处理好狗狗的大小便？
② 狗狗的大小便有没有散发恶臭影响他人？
③ 狗狗有没有发出噪声影响他人？
④ 狗狗有没有破坏邻居的东西？
⑤ 狗狗有没有咬伤、抓伤过他人？

在主人看不到的地方隐藏着危险

很多狗狗会一头钻到茂盛的草丛里，主人看不见草丛里有什么，也不知道狗狗在做些什么，这时候它们可能会吃进一些危险的东西

在狗狗中毒事件中，有的事件是像上个例子这样能够推测出原因的，但也有很多是主人完全推测不出中毒原因的，主人只知道自己的狗狗似乎在草丛里吃了什么东西，然后脏器功能就变得重度异常了。

中毒症状有很多，一般包括肾脏、肝脏等脏器功能异常、意识涣散、呕吐、腹泻、看起来非常痛苦或毫无精神等。老鼠药等毒物中毒伴有异常出血、肺功能障碍等特殊症状。但要准确确定中毒原因，还是必须要将狗狗的血样送到专门检测毒物的检查中心检查才能得出结论。但实际上，狗狗一旦中毒，我们根本没有时间去做这种检查。

另外，有特定解毒剂的毒物非常少。如果是刚吃下去没多久，可以给狗狗催吐，但是已经到出现中毒症状且需要送到医院的地步时，再催吐也没什么用了。此时的治疗手段基本上只有输液和喂药物，以帮助狗狗尽早将毒素从体内排出了。

在遛狗时，请将狗绳缩短一些，天色昏暗时用上比较亮的手电筒。要时时注意狗狗前方都有什么东西，像草地这样比较难以发现地上都有什么东西的地方，最好不要让狗狗进入。有些狗狗特别喜欢乱舔乱吃，遛狗时主人可以给它戴上防止狗狗乱咬的嘴套，最好选择只能让狗狗半张开嘴、不会妨碍呼吸的款式。现实中投毒的行为还是比较少见的，但是狗狗在路边乱吃东西也是一个非常危险的行为，很可能会导致狗狗死亡，请一定要重视这个问题。

防止狗狗乱咬的嘴套

如果狗狗怎么都改不掉乱捡东西吃的毛病，可以给它戴上嘴套。虽然多少会有些不方便，看起来还有点丑，但总比让狗狗吃到有毒的东西而不幸死掉要好多了

17 雷声或烟花可能让狗狗受惊或逃跑

——遛狗时要注意这一问题

俗话说"兔子急了也咬人"，动物在遇到危急情况时可能会爆发出人类想象不到的潜能。对于神经比较敏感的狗狗来说，夏季多发的暴雨、雷雨的声音，都会给它们带来非常严重的精神压力，可能会导致它们在家中乱跑、破坏家具或是撞到什么地方受伤。我曾经在一个雷雨夜接诊过一只撞破窗户、被破碎的玻璃割伤了前腿的狗狗。当时包裹着它伤口的毛巾上沾满了血，万幸的是大血管没有破裂，只需要缝合伤口。我还见过撞倒炉子后，被水壶里的热水浇了一身，然后因为极度紧张而导致癫痫发作的狗狗。

动物在遇到紧急情况时，可能会做出一些主人意想不到的行为。所以我们需要采取一些防范措施，比如，在位置较低的玻璃上贴上防小偷用的增强膜，防止狗狗将玻璃撞碎，严格防范狗狗进入有火的地方等，保证狗狗即使稍微做出一些冲撞行为也不会出现大的问题。

室外饲养的狗狗有时会爆发出我们想象不到的力量，扯断拴着自己的锁链逃走，我就知道几起这样的例子。乡下的狗狗往往一逃走就进了荒郊野外，有的狗狗会因为锁链被树枝或树桩缠住而被绊倒，进而无法动弹，最终只能悲惨地饿死。城市里的狗狗跑出去后也可能被距离很远的机构收留，或是直接碰上交通事故、音讯全无，这样的例子有很多。所以主人应该确保拴狗用的锁链足够结实，还要时不时确认一下拴锁链的桩子有没有被狗狗扯松。如果锁链是直接拴在狗窝上的，连接的地方有时会断开，需要主人确认狗窝本身的结实程度以及狗窝和地面之间的连接情况。放养在院子里的狗狗有时能够跳出很高的围栏，要将现有的围栏加高的难度会比较大，所以可以在天气不好的时候事先将狗狗带回室内。

狗狗的性格通过平常观察就能看出来。有的狗狗比较迟钝，平常就算有什么动静也像听不到一般泰然自若；而有的狗狗则比较敏感，平常一听到什么动静就会产生反应，厨房里摔个盘子都可能把它吓得跳起来。如果日常生活中就感觉到自己的狗狗有些神经敏感，那么在它可能会感到巨大精神压力的时候，主人最好陪在它身边，哪怕只是抱着它顺顺毛，狗狗都会安心很多。

另外，宠物医院经常会在台风过后接到很多关于狗狗逃跑的咨询。在这种情况下，主人应该去所在地区的警察局或宠物行业管理相关机构询问情况。不过这些机构和辖区外的信息共享可能并不充分，所以主人也应该联系一下其他地区的警察局。若要应对这种意外情况，植入微型芯片会非常有效，有意向的主人可以找专业人士咨询一下。

当狗狗害怕雷声和烟花炸裂的声音时

用能让狗狗感到安心的姿势温柔地抱着它，可以给予处于不安状态的狗狗极大的安慰

◆技巧① 姿势要轻松
不过一直抱着狗狗会逐渐脱力，到时主人要努力保持姿势不变
◆技巧② 接触面积要尽量大
和狗狗的接触面积要尽量大，这样会让它更安心

18 狗狗中暑了怎么办

—— 给狗狗浇冷水，一定要浇透

前面已经提过，犬类是非常怕热的。如果只是热得脱力倒还好，事实上狗狗和人类一样，太热了也是会中暑的。

以我个人的经验来讲，室外饲养的狗狗因为中暑而来医院的倒意外地很少。当然那些室外饲养的狗狗在夏天肯定也不好过，但只要给它们准备好饮用水，就算天气很热，在空气流通情况良好的室外，狗狗也是可以勉强忍耐的。

常见的狗狗中暑的原因基本上都是主人将它们扔在了没有开空调的屋里或车里，这些都是比较典型的案例。每年都会有很多类似的儿童死亡案件的相关报道，但非常遗憾的是，同样的事故依旧屡屡发生。

白天室内温度的变化很大程度上取决于房屋的结构以及与房屋相邻建筑物的位置关系。北侧的走廊相对会凉快一些，但南侧房间的室温甚至可能会攀升至40℃。如果独自在家的狗狗能够逃到北侧走廊去倒还好，但如果主人将南侧房间的门窗都关严了，当室内像温室一样热时，关在里面的狗狗很快就会不行了。先不提将狗狗留在车里的问题，让狗狗单独留在家中时必须要注意室温管理。以前就发生过这样一件悲惨的事，那家人没有注意到自家的狗狗跑到了家里最热的那个房间就出了门，等回到家时狗狗已经死了。

☀ 一定要注意狗狗中暑的症状

当狗狗中暑时，呼吸会非常粗重，还会流口水、体温上升、脉搏加快；再严重一些时可能就会休克，并伴随着上吐下泻、痉挛、意识模糊等症状；最后呼吸和心跳停止。当中暑症状严重到一定程度时，就没有办法再治好狗狗了。

主人一般都是在屋里非常热的时候才发现狗狗可能中暑了，但也有可能是在太阳西斜、室温已经有所下降的时候才发现。中暑的早期症状看起来并不那么明显，主人有时可能没有注意到，等到傍晚才发现自家的狗狗看起来已经不太好了。当怀疑狗狗可能中暑了的时候，请不要犹豫，马上将它送到常去的宠物医院。

中暑需要立即降温。在送狗狗去医院前，请先给它浇些冷水，注意一定要浇透，只浇湿体表的毛是没有用的。如果它还能喝水，就先给它喝些水，然后再将它送到医院去。中暑严重时，很多狗狗都无法从休克状态中恢复过来，主人将狗狗送到医院时，狗狗已经出现尸僵的情况也不少见。

狗狗中暑事件非常容易在那些主人经常外出、只留狗狗在家的家庭发生。大概在 6 月前后、天气开始变热时，主人就应该开始注意这个问题了。

狗狗中暑时首先要做的就是给它浇冷水

当发现自己的狗狗出现了明显的中暑症状时，应该马上采取的急救措施就是用冷水浇透它的全身，然后立即送它去宠物医院

中暑的早期症状有时并不明显。主人如果傍晚才回家，那时室温已经下降了，就更容易忽视狗狗的异常了

遛狗时狗狗吃草怎么办

—— 草丛里可能撒有除草剂，一定要注意

我在接诊时经常收到关于宠物犬、宠物猫吃草行为的咨询。猫和狗吃草的原因主要有两种：一是它们喜欢吃草；二是它们觉得烧心，想要缓解不适所以才吃草。先说喜欢吃草的情况，肉食动物的肠胃本来是无法消化植物的，如果只吃一点安全无毒的草倒还无所谓，不过，如果它们想吃草的意愿不那么强烈，还是不要给它吃比较好。

而为了缓解烧心的不适才吃草的情况则表明狗狗的身体可能出现问题了。野生犬主要靠猎食小动物果腹，所以胃里可能会积存一些消化不掉的皮毛。如果能一口气吐出来倒还好，但有时会吐不出来，这时候狗狗就会故意吃一些难以消化的草，让自己恶心来帮助催吐。

但是人类饲养的狗狗吃的都是固定的狗粮，如果狗狗突然吃起草来，很可能是得了胃炎或是胃里有异物，吃草是它想要解决那些问题的信号。有时狗狗会将误食的细小异物和草一起吐出来，但有时候却只能反复地吃草、吐草，而异物仍留在胃里。如果狗狗一直有重复吃草、吐草的行为，或者同时伴有食欲不振、腹泻等其他异常症状，请尽早将它送到医院检查。可能造成烧心的疾病其实很多，千万不要掉以轻心，觉得只是胃炎而已，有时也可能是狗狗患上了比较严重的疾病，所以一定不能大意。

另外，狗狗也不是什么草都能吃的。就算吃的是无毒的草，有时凑巧不是那只狗狗能适应的品种，也可能会导致它的肠胃疼痛。有些草虽然无毒，但也具有一定的刺激性，并不适合食用。主人当然不可能查清楚家附近的杂草都是什么品种、安不安全，所以如果你的狗狗喜欢乱吃路边的草，就要禁止它进入草丛。无论狗狗是喜欢吃草，还是因为身体不舒服才想吃草，它们都没有鉴别自己能不能吃某种草的能力。

此外，一些住宅区以及繁华街道的草地上可能撒有除草剂，遛狗路过时，请不要让狗狗进入这些地方。除草剂刚被洒上的时候人是看不出来的。过了一段时间，杂草枯萎了，我们才会发现原来这里用了除草剂，这时候主人当然也会注意不让自己的狗狗靠近那里。可是如果是在除草剂刚被洒上的时候，狗狗就误食了那些杂草，那么狗狗可能就会中毒。虽然很少有狗狗会因食用过量杂草而死亡，但这种情况确实可能会将它们置于危险的境地。平常遛狗回去后，一定要仔细观察狗狗有没有什么突发的不适。

无色的除草剂刚被洒上时人是看不出来的

除草剂是无色的，所以非常危险。尤其是除草剂刚被洒上、杂草还没枯萎的时候，我们根本看不出来哪里有除草剂

20 一定要用心检查狗狗的排泄物

—— 这是了解狗狗健康状况的重要指标

在人类医学史上，大小便一直是检查健康状况的重要指标之一。在没有精确的检查方法和知识以前，人们只能通过观察大小便的外观来判断健康状况。消化系统和泌尿系统会受到各种各样的疾病的影响时，排泄物的状态也会因此而变化。人们会依据经验来分析排泄物的状态，从而进行诊断。古代西方的绘画中常出现的医生手中拿着的烧瓶，就是用来采集患者尿液的，他们会通过尿液的颜色、气味，有时甚至是味道来判断患者的健康状况。时至今日，医生虽然不会用尝味道的方式来检查大小便，但排泄物仍然是一项重要的检查指标。大小便能够反映身体的健康状况，这一点从古至今皆是如此。

犬类也和人类一样，如果平常能够仔细观察它们的大小便，就能尽早察觉到它们身体情况的细微变化。当然，并不是所有的变化都是病理性的。如果天气太热又没能摄入充足的水分，尿液的颜色就会比较深，一些药物和食物也可能导致狗狗排泄物的颜色、气味发生巨大变化。即使是兽医，也无法做到立即判断出狗狗的排泄物的变化是否属于正常范围内的变化。

不过，在无法明确判断的情况下，可以通过进一步检查来发现问题。请主人不要主观判断，对狗狗排泄物的变化放任不管。大小便发生变化可能不仅仅是泌尿系统和消化系统的问题，而是一个身体健康出现重大问题的信号，所以人类的古典医学才会重视这一指标。

下表总结了常见的大小便异常的情况。要列举所有情况是不可能的，在此只能优先列举宠物医院经常碰到的情况。实际上大部分时候

尿液的检查要点

尿液状况	诊断
尿液淡	饮水过量；肾脏生成的尿液过多
尿液呈黄色	饮水不足；出现黄疸；维生素药剂的影响
尿液呈红色	便血；血红蛋白尿
尿液呈茶褐色	肾脏至膀胱之间的某处出血，且已经过了一段时间
尿液浑浊	杂菌繁殖；粉状尿液是混杂了因炎症产生的蛋白质产物
尿液腐臭	杂菌繁殖
尿少尿频	膀胱炎
尿势微弱	结石、肿瘤堵塞了尿路

粪便的检查要点

粪便状况	诊断
颜色淡	轻微腹泻，粪便中水分较多，被稀释的粪便的颜色就会较淡；胆汁不足
粪便呈茶褐色	食物变化
粪便呈黑色	胃、小肠等消化管上端出血；食用了铁含量高的食物
粪便呈赤红色	大肠、肛门等消化管下端出血
粪便过硬	水分不足；便秘导致粪便长时间停留在大肠
腹泻	各种肠道问题
排泄时间过长	腹泻、便秘都有可能，也可能是大肠肿瘤

可能是吃坏了肚子，或是尿路结石、细菌感染引发了膀胱炎，一般只要采取合适的治疗手段就能治愈，不会发展成严重问题。

但是，大小便异常也可能预示着其他特殊情况，比如是内脏疾病、肿瘤等可能致死的重大疾病的征兆。有的狗狗从几个月甚至几年前开始，其大小便就断断续续地出现异常，而主人却放任不管，最后将狗狗送到医院时它的病情已经非常严重了。

☀ 主人应检查狗狗的排泄物

平常养狗时主人是让狗狗在家中排泄的，这时要观察排泄物就会比较简单。主人一般会让狗狗使用尿垫小便。但是如果尿垫是有颜色的，就很难观察到轻微的血尿或其他异常的尿液颜色了。一般的尿垫为了外观好看，都会做成蓝色或绿色的，并且这种有色的尿垫的性能往往会更好。但是如果狗狗有泌尿相关的病史，还是使用白色的尿垫比较好。有结石病史的狗狗，可以偶尔让它在黑色的纸上或尿垫上排泄，然后仔细观察它的尿液，如果有结石的话，就能看到像盐粒一样细小的颗粒物。

请在扔掉粪便前先仔细观察一下。可以用垫子或纸巾垫着，确认一下狗狗粪便的软硬度，偶尔还可以弄碎，观察一下粪便内部的情况。不过需要注意的是，粪便经过一段时间后表面会干燥、变黑，也会变硬。同时，狗狗的厕所垫纸也会非常容易吸收水分，过软的粪便也可能变成普通硬度的粪便，这一点请注意。

如果是让狗狗在外面排泄，做法也是相同的。但是在这种情况下，尿液会马上落到地面上，观察起来会比较困难。可以用胶带将一次性筷子粘在空的布丁盒等容器上，做成一次性的长柄勺子，将狗狗的尿液接住，然后避光观察。当然，每次都这样检查太麻烦了，差不多一个月一次就可以了。但是，如果狗狗的身体已经出现了问题，就要更加频繁地检查了。

习惯晚上遛狗的主人，可以将狗狗的粪便带回家，到光线充足的地方再观察。很多让狗狗在外面解决排泄问题的主人，在狗狗腹泻时，将狗狗送到医院后往往说不清楚具体的情况。虽然主人不需要每天都检查狗狗的粪便，但还是请尽量检查。

如何采集狗狗的尿液

长柄勺子

兽医经常会指示主人去采集一些狗狗的尿液样本，这样自然地采集尿液主人也能轻松完成。这种方法和医院用导尿管采集的方法不同，不会让狗狗感到不舒服

由于人类努力而大大减少的丝虫病

丝虫病是一种由寄生虫引起的病症，挂面状的成虫会寄生在狗狗的心脏里。如果成虫的数量太多，心脏就无法正常跳动，最终会导致狗狗猝死。已经感染丝虫病的病犬体内的成虫会在病犬血液中排放"微型丝虫"，也就是成虫的幼虫。当蚊子吸食了病犬的血液，就会携带幼虫，等携带幼虫的蚊子叮上其他狗狗的时候，在蚊子体内发育成感染幼虫的微型丝虫就会进入健康狗狗的皮下，再发育半年后就会寄生在狗狗的心脏里。

丝虫病的发病率一度非常高，经常会有已经奄奄一息的病犬被抬进宠物医院。接诊到患丝虫病的病犬时，兽医会用细长的钳子伸进病危的狗狗的颈静脉，进行直接取出心脏里的寄生虫的手术。这种手术手工完成，需要兽医具有非常高的熟练度，同时，这种手术也非常危险。

不过，如果能够迅速将大部分成虫取出，患丝虫病的病犬特有的心脏杂音就会骤然消失，其心脏功能也会恢复正常，只要病犬还有体力就能恢复健康。

最近由于下水道的卫生改善，蚊子已经大幅减少，患丝虫病的病犬也随之大幅减少。另外，即使是在种稻多的地区，只要狗狗接种了丝虫病疫苗，就算有携带丝虫病病原的蚊子，接种过疫苗的狗狗也不会被感染。事实上，最近几年已经很少出现因丝虫病而濒死的狗狗了。

有很多疑难杂症是人无法治愈的，但丝虫病是可以预防的。服用药物或注射药物都可以有效预防丝虫病。请咨询熟悉的兽医，为自己的狗狗做好预防吧。

狗狗不需要吃零食
——狗狗要什么就给什么，终会酿成大错

"零食"这种概念，本就只针对人类而言。除人以外的生物，进食都只是为了填饱肚子。然而犬类被人类驯养，尤其是现在人类已不再将犬类当作工具，而是当作观赏把玩的对象，宠物化的犬类目前的饮食生活已经混乱到了不容忽视的地步。

如果狗狗身体健康，并且在可以容忍的限度内吃零食，没有出现什么问题，兽医也不会太啰唆。但是有的主人会给狗狗喂食过多的零食，导致其出现健康问题，这时兽医一定会坚决制止。下面两项是很多主人给狗狗喂食过多的零食的常见原因。

① 将零食当作看家或听话的奖励

犬类社会的上下级关系并不是通过食物来塑造的。身处头领地位的主人哪怕只是抱着狗狗安抚几下，它就会感到非常幸福，有一种达成使命的满足感。如果主人企图用食物来让狗狗听话，只是驯狗时用这招还好，但要是一直这样，总有一天会不管用的。这就相当于人类世界里，爷爷奶奶用给零花钱来讨孙辈的欢心。双方之间必须建立一种无须物质也依然成立的深厚的信赖关系。如果一定要用零食来收买狗狗，至少要有意识地控制用量。

② 狗狗撒娇要零食，忍不住就想给

很多肥胖的狗狗每次来医院时我都会告诉它的主人要注意狗狗的健康，让它减肥，但下次来医院时狗狗还是老样子。一问主人，主人就会说自己和家里人总是忍不住给狗狗零食。他们的理由往往非常一致，都会说狗狗看起来非常想要零食，不给它，它看起来太可怜了。但是，吃太多零食把身体搞坏了不是更可怜吗？狗狗只要能吃到营养均衡的狗粮，就已经非常幸福了。

但是无论兽医怎样讲道理，有的主人总是听不进去。说得难听一点，如果心理有缺失的人通过给狗狗零食就能获得心灵的片刻安定，那么给狗狗零食可能确实能够起到慰藉主人心灵的作用。我总会警告主人，继续这样下去会导致狗狗早早患上生活习惯病。但如果遇上这类管不住自己的主人，情况往往不会有任何改善。

是不是太溺爱狗狗了

狗狗想要什么就给什么、给它很多高热量的食物等溺爱狗狗的行为最终会导致狗狗陷入不幸之中

❀ 一直给狗狗过多的零食会怎样

· 狗狗开始不吃主食，营养失衡，患上肥胖症和其他疾病

食品制造商在制造零食时一般都不考虑营养均衡，只考虑味道好。有些狗狗一旦吃过非常好吃的零食，就不会愿意再吃普通的狗粮了。等到年龄大了，某处内脏出了问题，必须要吃处方粮的时候，这些狗狗也不会愿意吃处方粮。情况严重点甚至可能会导致狗狗死亡。狗狗若变得肥胖甚至病态大多都是因为零食吃得过多。

· 零食添加剂很多，可能导致肝脏功能障碍和过敏

与烘干后保存的干燥狗粮以及加热杀菌后保存的罐头不同，一些零食和半生的狗粮的卖点可能就在于柔软的口感上。然而这些零食中都含有大量的色素、防腐剂等人工添加剂。有的零食会声称自己是添加剂很少的健康食品，但就连人类的食物中也有很多假冒的健康产品，在无法确定的情况下，不让狗狗吃这些零食才是最好的做法。

· 导致消化不良

胃肠功能弱的狗狗如果直接吞食了肉干或胶状食物，往往会消化不良，这些食物会直接堵塞肠道。当然狗狗最终还是可以将这些食物消化掉的，但在那之前，肠道可能就已经因严重损伤而坏死了。

曾因饮食问题有过既往病史的狗狗的主人尤其需要注意这些问题。人们总是会将人类对美食的喜好套用在动物身上，但其实只要不让狗狗知道世界上还有更好吃的东西就好了。请记住在狗狗吃各种好吃的东西获得快乐的同时，这些东西也会为各种各样的疾病埋下祸根。

喂食过多零食会导致各种问题

肥胖

让肥胖的狗狗通过运动减肥反而会让它关节疼痛。应该先控制饮食才对

过敏

抓抓

消化不良

咕噜咕噜

很多肥胖的狗狗的主人都会将自己的食物与狗狗分享。肥胖会使犬类的皮肤的抵抗力下降，这会导致过敏的可能性增大

能吃好吃的东西，但肠胃却不一定都受得了

哼，便宜货啊

哎呀，真乖

狗狗挑食、只喜欢吃贵的食物并不值得主人骄傲。有些主人会觉得这很值得吹嘘，但你的狗狗又不是海原雄山（译者注：漫画人物，美食家）。曾经有一只狗狗只吃高级的日本霜降牛肉（售价约为每 100g90 元），而它的主人却因此得意扬扬……

怎样分辨劣质狗粮
——便宜自然有便宜的原因

我们去宠物用品店时，会发现看起来差不多的狗粮的价格差别却非常大。它们到底有什么不同呢？狗粮大致可以分为"常规狗粮"和"优质狗粮"。优质狗粮一般是指符合 AAFCO（Association of American Feed Control Officials，美国饲料管理协会）营养标准的产品，但对于优质狗粮并没有严格的定义。我们可以把范围扩大，将重视品质的狗粮都当作优质狗粮。

不久前，日本国内廉价狗粮的成分是不如国外狗粮的，因为日本国内普遍的认知是狗粮不过是给家畜吃的饲料。而在国外，尤其是欧洲，从古代开始就盛行改良狗狗的品种，对犬类的营养管理也有研究。以前的高价狗粮几乎都来自国外，品质也仍然是进口产品比较好。但是近年来，日本国内的普通狗粮也开始符合动物营养学标准了，从原材料和营养成分比例来看，其与进口产品也没有太大差别。

☀ 太便宜的狗粮一定有其便宜的原因

那么，随便选哪种狗粮都可以吗？当然不是。人类的食物因为各种原因也是有差别的，狗粮当然不可能没有差别。狗粮制造商肯定都想要尽量压低成本，所以他们会使用便宜的进口面粉、肉、玉米、油脂等，很多都是达不到人类食用标准的原材料，甚至是非常劣质的原材料。

比如，他们会将 4D（Dead、Dying、Disabled、Diseased，即已死的、濒死的、残疾的、有病的）肉，也就是不能供人类食用的最低等的肉以及本应在屠宰场废弃的肉类副产品（骨头、内脏、仍带有粪便的肠子）等作为狗粮的原材料。品质有问题、本来应该废弃的原材料也会被中间商以低廉的价格收购，然后再供应给狗粮制造商。当然，并不是说优质狗粮的原材料就一定安全可靠。

但是，高价产品的制造商一般都是讲求品牌形象的，相比较而言其使用劣质原材料的可能性更小。当然，使用劣质原材料的狗粮制造商也不会承认其使用了劣质原材料。除了明确宣称自己使用的是达不到人类食用标准的原材料的情况外。

狗粮和人类的食品不同，法律上的相关规定并不严格，各种添加物滥用都是事实。质量实在太差的狗粮的制造商会收到很多投诉，所以这些制造商会有所改善，但恶劣影响不那么明显的产品的制造商就不会有所改变了。有的产品甚至疑似使用了致癌或对内脏有害的抗生素、农药、防腐剂、色素、香料等有毒原材料，有的则滥用可能导致过敏的原材料。

确认一下宠物粮包装上标注的事项吧

① 明确标注是狗粮还是猫粮

② 宠物粮的目的

③ 净含量

④ 喂食方式

⑤ 保质期与生产日期

⑥ 成分

⑦ 原材料名

⑧ 原产国

⑨ 制造商名称及地址

购买宠物粮前，我们应先确认左边列举的事项在宠物粮包装上是否都有明确标注。另外，如果包装上明确写了产品已符合AAFCO（美国饲料管理协会）营养标准，就可以放心了。因此，主人可以从有这个标识的产品中选择宠物爱吃的产品。另外，AAFCO是提供营养标准的机构，并不具备认证宠物粮是否合格的资质。所以"AAFCO合格""AAFCO认证"都是不当标识，而写着这类标识的产品不值得信赖在优质狗粮中，有一些狗粮是将不含这类添加物当作卖点的，如果你的狗狗疑似因狗粮而身体有恙，不妨更换狗粮。不过也没有必要太过紧张，过于追求既让狗狗喜欢又不容易让它拉肚子的"十全十美"的狗粮。

☀ 尽量选择优质狗粮

很多带狗狗来医院看病的主人都会问我有没有什么绝对安全的狗粮可以推荐。世界上并没有"绝对"的事情。一般来说，优质狗粮的质量还是要比常规狗粮好的。可能有的主人会觉得这些产品的差异只在价格上，但如果想要狗狗吃上更安全的狗粮，哪怕只是更安全一点点，那么还是从优质狗粮中选择比较好。如果想要让狗狗吃上绝对安全的狗粮，就只能按照第 23 节要讲的方法自制狗粮了。

不要被外包装欺骗

折扣店和宠物用品店里的狗粮琳琅满目，注意不要被包装袋上可爱的照片或华丽的设计欺骗了，一定要在仔细检查后再购买

自制狗粮
—— 添加蔬菜时一定要用搅拌机打碎

　　人类似乎非常重视口腹之欲，会研究很多美食，并且喜欢将其套用在自己养的狗狗身上，把为狗狗自制狗粮当作是一种爱的表现。也有的人想让狗狗吃到绝对安全的食物，所以会自制狗粮。市面上也有一些介绍自制狗粮菜谱的书，有不少人会买来尝试。

　　但是自制狗粮时有很多需要注意的事项，若不注意可能反而会导致狗狗腹泻或营养不均衡等。要认真制作狗粮会花费很多时间，身为一个兽医，我认为只要不是有必须要自制狗粮的原因，比如为了避免过敏等，一般还是用市面上的狗粮比较好。

☀ 喂狗狗蔬菜时请一定要将蔬菜打碎

　　人是杂食性动物，但犬类却是肉食性动物的末裔，所以犬类的食物应该以动物性蛋白质为主，而野生的犬类会通过直接食用猎物的肠子来吸收其中尚未消化的植物营养素。诚然，肉食性动物也需要蔬菜这样的植物性食材，但它们自己却无法直接消化蔬菜，所以在制作狗粮时我们需要先用搅拌机将蔬菜打碎。虽然打碎后的蔬菜的外观不是那么好看，这在人类看来可能会觉得很难吃，但只有这样才能帮助狗狗更好地吸收必要的营养素。

　　另外有一种说法是食物加热后营养物质会被破坏，所以要给狗狗喂食生肉。野生犬捕食时确实是吃生肉的，如果宠物犬吃生肉后不会腹泻，也是可以喂食生肉的。但是野生犬还会吃生的猎物内脏，如果一切朝野生犬看齐，只有将从内脏到骨髓全部打碎后让狗狗吞下，才算是接近野生犬标准的生食。但是，一般的家庭都做不到这一点。

不要根据人的喜好来做狗粮

能看到食材（尤其是蔬菜）原形的自制狗粮，虽然看起来更好看，但会不利于狗狗消化。不要根据人的审美喜好来做狗粮

蔬菜要用家用搅拌机打碎

用搅拌机将蔬菜打碎至看不出原形。照片所示为松下的纤维搅拌机 MX-X108
摄影协助：松下

所以，并不需要太执着于只给狗狗喂食生肉。如果非要喂食生肉，请保证生肉是新鲜且卫生的。

☀ 狗狗健康状况良好时没必要乱换菜谱

有的主人可能会觉得，难得要给狗狗做自制狗粮，让它多品尝些口味会比较好。但是这里要泼个冷水了，使用的原材料越多，用到不适合狗狗的食材的概率就越高。有的有香味的蔬菜或涩味重的食材，对人来说是有增进食欲的功效和其他保健效果的，但是对于狗狗来说，这类食材是没有这些效果的，甚至反而可能影响它们的健康。

简单来讲，自制狗粮的原材料的选择最好限定在市面上的狗粮所用到的食材或与其类似的食材的范围内。自己可以吃一点狗粮试试，就会发现狗粮并不像我们想象的那样好吃或有什么风味，其味道是很寡淡的。

很多人在自制狗粮时很容易将狗粮做成人类喜欢的味道，从兽医的角度来看，自制狗粮是为了给狗狗提供市面上的狗粮所无法提供的、符合狗狗自身情况的特别食物而制作的。那么为了达到目的，应该选择最方便、快捷的方法，使用安全的原材料。需要注意的是如果长时间使用单一配方，也可能导致狗狗营养失衡，所以更换一些原材料也是有必要的。

仔细想想就会发现，市面上的狗粮其实非常方便。虽然确实会有些问题狗粮被召回，过剩的添加剂也让人担忧，但其实没有相关知识指导的自制狗粮可能反而会引起更大的问题。

请不要忘记自己自制狗粮的原因。如果是为了应对某种疾病，就请和熟悉的兽医确认原材料的种类，一定要做出正确的自制狗粮，不要让自己的努力白费。

没事不要乱换菜谱

今天吃什么？

给狗狗吃人吃的食物，或者没事总是乱换菜谱，就容易让狗粮美食化。请不要将人类对食物的追求套用到狗狗身上

避免狗狗食物过敏
—— 若找到适合狗狗身体状况的食材，过敏症状就能得到缓解

要找到使狗狗过敏的食物是很难的，只能根据经验从具体症状出发来推测。食物过敏主要引发的症状是过敏性皮炎。不同个体的症状多少会有些差别，但如果眼睛、嘴部、外耳道周围发红、发炎，且伴有脱毛瘙痒的症状，那么很可能是食物过敏。食物过敏时用内服药（抗过敏治疗药）的效果在大多数时候并不好，治疗起来会很麻烦。

要应对食物过敏，基本上只能用排除疑似过敏原的方法。将主食限定为一个品牌，其他的零食都取消。饮用水则只用普通的淡水，不要再喂食牛奶等饮品。如果这样还没有好转，就更换主食看看有没有变化。

·限定原材料的"去除狗粮"

狗粮是由各种原材料制作而成的。要保证营养均衡，就必须尽量掺杂多种原材料，但这同时也会导致狗狗吃到过敏食物的概率增加。

因此，可以考虑使用限定原材料、通过各种营养添加剂来补充营养缺失部分的"去除狗粮"。现在一些狗粮制造商也在生产"去除狗粮"。如果使用"去除狗粮"能够避开过敏原，就能看到过敏症状缓解了。这种狗粮是用一般食物中不常用到的原材料制造而成的，尝试过一种狗粮但没有改善效果的话，不妨再试试其他成分的产品。有数据显示人在婴幼儿时期食用的食材更容易变成其长大后的过敏原，所以选择狗狗从未吃过的食材，成功的可能性可能更大。

·加水分解狗粮

身体的免疫系统要识别"敌人"，一般来说对象必须是有一定大

小的分子，所以，在制造过程中就将狗粮中的蛋白质分解成更小的氨基酸的思路就应运而生了。加水分解简单来说就是在分解分子时将水分子加入分解端，这样免疫系统就不会将狗粮中分解后的蛋白质识别成过敏原了。加水分解狗粮在一般的宠物用品店基本上是买不到的，如果有需要，请向熟悉的兽医咨询。

但是也有人对这种狗粮持反对意见，因为分解后的蛋白质有时仍然会引起过敏。另外，不知是否是因为进行了人工化学反应，这种狗粮的味道都很差，有的狗狗可能会不愿意吃，或是吃了会腹泻。

限定原材料的狗粮

怀疑狗狗可能食物过敏时，可以选择限定了原材料范围的狗粮喂食。这张照片是常给患有瘙痒性皮肤病的狗狗食用的去除狗粮，产品名称是 PRESCRIPTION DIET d/d，属于需在兽医指导下食用的处方粮

摄影协助：Hill's-Colgate（JAPAN）Ltd.

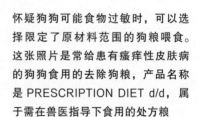

·可用于调节免疫系统的健康辅助食品

灵芝和 ω-3脂肪酸等多种物质都可以调节紊乱的免疫系统，起到抑制过敏的作用。然而有些产品是缺乏可信度和实际效果的。事实上，有很多产品都是几乎没有什么效果的可疑产品。这类产品有的会起到一些作用，有的却毫无效果，不同产品之间的差异非常大。如果尝试过后发现没什么效果，也就不必太过坚持了。另外，请选择副作用较少的产品。

☀ 首先找到适合狗狗身体状况的食材

不管选用什么狗粮，要看到效果至少都需要2~3个月。如果为了找到最合适的狗粮，在每种产品都刚试用不久但没看到效果时就马上换新的产品，这样是很容易错过合适的产品的。另外，如果中途没忍住给狗狗吃了零食，或分给它吃自己餐桌上的食物，一切观察就要从头开始了。只要稍有失误，一切就要从头开始，这一点请一定要注意。

另外，有的食材即使现在不是过敏原，长期食用之后也有可能会变成过敏原。所以请尽可能多找一些安全的食材以及成品处方粮，给狗狗轮换喂食以避免新的过敏原形成，这种做法非常有效。

以上的应对方法虽然有些麻烦，但只要做对了就能达到非常好的效果。

宠物医院开的加水分解处方粮

照片中展示的是使用了不易导致食物过敏的加水分解后的蛋白质制作而成的处方粮，产品名称是 PRESCRIPTION DIET z/d ULTRA。这也属于需在兽医指导下食用的处方粮

摄影协助: Hill's-Colgate（JAPAN）Ltd.

加水分解是什么

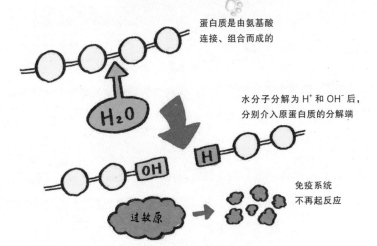

蛋白质是由氨基酸连接、组合而成的

水分子分解为 H^+ 和 OH^- 后，分别介入原蛋白质的分解端

免疫系统不再起反应

加水分解是在水切断连接时发生的反应的名称。水分子分解为 H^+ 和 OH^- 后，分别介入原蛋白质的分解端。这种反应与食物在体内分解时发生的反应相同

肥胖严重影响狗狗的健康

——狗狗过胖百分百是主人的责任

在野生环境中，动物并不是每天都能获取到食物的，也有什么都猎不到的日子，如果一直猎不到食物，野生动物就会饿死。所以肉食动物在有食物时都会吃得很多，这样才能度过没有食物的日子，同时期待之后的收获。我们在电视上看到的野生动物就是在这种严峻的生活环境下生存的，所以其体型才会那么健美（虽然偶尔也能看到快要饿死、瘦骨嶙峋的野生动物）。

而对于被当作宠物饲养的狗狗来说，它们是没有这种焦虑不安的日子的：每天都能吃到好吃的狗粮，只要撒个娇主人就会高高兴兴地给自己添饭。

这种日子过久了会怎么样呢？由于"在能吃的时候尽量多吃"是肉食动物的本能，所以在遇到"每天都无限量供食的主人"时，等待狗狗的就只有"肥胖"二字。有些犬种的食量本来不大，也不容易胖，但看看被当作宠物饲养的属于这些犬种的狗狗就会发现，很多狗狗都很胖。

☀ 狗狗过胖百分百是主人的责任

现在，宠物的肥胖症与人类的肥胖症同样是热点问题。人因为暴饮暴食而早死是自己的责任，是自己的意愿所决定的。但是，动物却不会思考自己的未来。正如前面讲过的，即使我们兽医再三提醒，有些主人也依然听不进去，他们还是会给狗狗吃过多的食物，因此，狗狗因肥胖而生病确实百分百是主人的责任。说得难听一点，这种行为对宠物来说其实是一种虐待。不是宠物"变胖"了，而是主人"让宠物变胖"的。

动物和人一样，肥胖都是万病之源。在下面的表格中列举了一些常见的疾病，这些都还只是具有代表性的例子而已。事实上，还有很多来医院治病的狗狗，虽然不能断定其病因一定和肥胖有关，但可能性仍然很大。

源于肥胖的疾病的例子

例	源于肥胖的疾病
例 1	四肢支撑不了过重的身体，导致四肢关节炎、椎间盘突出等
例 2	营养过剩导致肝脏负荷大，造成脂肪肝、肝功能低下
例 3	体型庞大，且要将血液输送至全身，导致心脏负荷大
例 4	气管周围脂肪堆积，导致气管塌陷，造成呼吸困难
例 5	全身免疫力低下，导致皮肤炎、腹泻等
例 6	腹腔内脂肪堆积过多，导致原本简单的手术也变得很困难

☀ 狗狗肥胖怎么办

犬类等很多动物和人类不同，它们的身体构造本来就是适合奔跑的，也就是说，稍微奔跑几步是不会让它们消耗太多能量的。如果为了减肥而让它们做高负荷运动，反而会对其心肺系统、关节造成很大的负担。减肥可能还没成功，身体就先变差了。

犬类是很难通过运动来消耗热量的，所以对于肥胖的狗狗来说，延长小跑或散步的距离就足够了。请将不让狗狗因运动不足而过早衰老作为遛狗的目的。虽然可能会有些啰唆，但我还是要再强调一遍，运动只能辅助减肥，并不是减肥的主要方法。

那么，要怎么做才能让狗狗减肥呢？没错，只有减少食物摄入才行。正如本节开始就提到的，如果任由狗狗吃到自己不想吃为止，只会让它不断胖下去。如果是做了绝育手术、激素平衡变化后，狗狗会更容易发胖。如果你的狗狗在吃上没有过强的欲望，就请直接减少喂食的量。喂食的标准就比狗粮包装袋上写的体重对应量少一些即可。

比如，想要将体重为12kg的狗狗通过喂食量减重至10kg，就必须将喂食的量按体重9kg的狗狗为标准才行。原则上要禁止一切零食。另外，如果目标和现状之间的差距太大，直接减量到最终目标不太现实，可以先定一个中间目标。和人类一样，过于极端的减肥方式也会给狗狗的身体造成负担，最好先向熟悉的兽医咨询，并制订好减肥计划。

减少喂食的量，很可能会引起狗狗的强烈反抗。在这种情况下可以给它喂一些无热量的东西，增强狗狗的饱腹感。很多食材对于人类来说是热量较低的食材，但对狗狗来说并没有什么用，所以要尽量选

减肥时可使用的替代食材举例

	替代食材	喂食方法及注意点
1	将卷心菜、白萝卜、生菜等切丝	一定要切成便于消化的大小，否则会引起胃胀。也可以煮熟再喂，但这样做会使蔬菜的体积变小，与本来的目的相悖，所以狗狗的身体没什么问题时直接喂食生的蔬菜即可
2	将琼脂冻切成几毫米见方的小块	注意喂食过多会导致腹泻、胃胀等
3	魔芋丝	煮熟撇去浮沫后将其切成1~2cm长的细丝

择热量接近零的食材。上表总结了我经常推荐给狗狗的主人的替代食材。不同的狗狗所适用的量和食材种类都不同，最初可以少量尝试，如果没闹肚子就可以尝试在狗粮中掺入占比为20%~30%的替代食材。不过每天都准备这些替代食材会很麻烦，因此，也可以使用兽医推荐的处方粮——强力"减肥狗粮"。这种狗粮的效果比市面上的减肥狗粮的效果更好，其功效也更强劲，适合顽固性肥胖症。

不过，不论用哪种方法，做得太过头都会导致营养失衡。请在和兽医仔细商谈后，通过计算热量来制订一个长期计划，花费数月让狗狗减至目标体重。请不要因为看到附近有比自己家的狗狗还胖的狗狗而放心。当对方看到你家的狗狗时，说不定会有同样的想法。如果非要找一个目标，应该找杂志上的那种赛级犬才对，请将赛级犬当作目标吧。

减肥狗粮的例子

减肥狗粮可以分为两种，分别是主人可以在宠物商店随便买到的，以及需要兽医处方的且功效强劲的。照片上的3种狗粮从左到右分别是"science diet light""prescription diet 同 r/d"（肥胖减量）、"同 w/d"（肥胖预防）。r/d 与 w/d 都需要兽医处方

摄影协助：Hill's-Colgate（JAPAN）Ltd.

26 一些意想不到的对狗狗有害的食物
——不能给狗狗喂食的食物

前面我们已经讲过了狗狗不能消化的异物、身边常见的可能导致中毒或过敏的食物。现在让我们来看一下那些人可以吃，但对狗狗有害的食物吧。

虽然狗狗和人类都是哺乳类动物，但是两者的消化系统在细节上还是存在差异的，二者体内的代谢机制并不完全相同。有些东西是人类可以正常分解的，但是对狗狗来说，就成了有害物质。这样的东西其实有很多，而那些分解不了的有害物质在狗狗的体内循环后，就可能危害狗狗的健康。

下面我来介绍一些在平常的诊察过程中经常碰到的危险食物吧。另外，如果狗狗不小心吃了下面提到的那些食物，只要东西还停留在胃里，基本上都是可以靠催吐将其吐出来的。总之，一旦发现自己的狗狗误食了危险食物，就请马上与熟悉的兽医取得联系，然后在兽医的指示下开始救治狗狗。

☀ 葱类

包括韭菜、大蒜在内的葱类植物都含有烯正丙基二硫化物，这种物质对人无害，但如果狗狗摄入了，其红细胞就会受损。基本上在摄入两天后就会发病，狗狗会排泄出赤红色的尿液，同时发生贫血。不过是否发病也存在个体差异，敏感体质的狗狗可能只舔了一口含有葱的味增汤就会发病而反应，迟钝的狗狗可能吃下一整个含有洋葱的汉堡也没事。如果狗狗不小心吃了葱类食物，千万不要大意，

对狗狗有害的食物

葱类

葱类植物中含有的烯正丙基二硫化物会损害狗狗的红细胞

禽类及大鱼的骨头

尖锐的骨头可能会刺伤食道、胃肠。比较大的骨头也可能卡在食道里

* 例如像鲼镰这样的大骨头（鲼鱼的鳃盖至胸鳍部分的骨头）

吸水后会膨胀且对狗狗来说有毒

葡萄干对狗狗的肾脏有害

葡萄干

杏干

吸水后会膨胀

杏干等果脯吸水后会膨胀，吃太多的话会撑坏狗狗的胃

含有木糖醇的口香糖

木糖醇

人类食用的含有木糖醇的口香糖，对狗狗的肝脏有害

食品包装袋

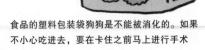

食品的塑料包装袋狗狗是不能被消化的。如果不小心吃进去，要在卡住之前马上进行手术

觉得只吃了一点不会有什么问题。还是去宠物医院检查一下比较好，以防万一。

☀ 禽类及大鱼的骨头

狗狗可以凭借强力的胃酸消化骨头，但是尖锐的骨头可能会伤到狗狗的食道、肠胃。消化系统内有很多杂菌，尖锐的骨头刺破食道后，会引发急性腹膜炎，可能会让狗狗立刻死亡。比较常见的情况是主人没有认识到这种危险，给狗狗喂食了尖锐的骨头；或是狗狗半夜去厨房扒生鲜垃圾而误食这种骨头。像炸鸡用到的小型肉鸡的骨头，虽然很柔软且易于消化，但对狗狗来说仍然很危险。有些贪吃的狗狗会直接吞掉整块炸鸡，骨头可能会卡在其颈部食道里。

☀ 吸收水分后会膨胀的食物（杏干）

狗狗吃干燥的杏干吃到饱之后，胃里的杏干吸收胃液后会膨胀数倍，引起胃扩张。我见过的最严重的案例是一只狗狗因胃扩张而休克，最终不治身亡了。

☀ 吸水后会膨胀且对狗狗来说有毒的食物（葡萄干）

葡萄干不仅会吸水膨胀，还对狗狗的肾脏有害，这一点最近已经过研究证实。葡萄干含糖量高且味道浓郁，还容易引起胃炎。没有晒干的普通葡萄对狗狗来说也同样具有毒性，但葡萄干的危险程度更甚，这是因为葡萄被晒干后体积骤减。狗狗如果偷吃一整袋，就会摄入大量的毒素。而如果是新鲜的葡萄，一般不至于吃那么多。另外，对狗狗来说，每1kg体重摄入10~30g葡萄干就会引发中毒。类似的食物同样可能引发中毒。

❀ 含有木糖醇的食品

木糖醇是非常有名的人类用来预防蛀牙的物质，但对狗狗的肝脏来说是有害的（会造成肝脏损伤）。日本目前对这一问题的认识还不够充分，很多为狗狗生产的零食都含有木糖醇，不过可能是因为含量比较低，目前还没出现什么问题。但是，已有报告称，人类食用的木糖醇口香糖只要几粒就会对狗狗造成危害。

❀ 装有人类食物的塑料袋被狗狗直接吞食

这种意外出人意料地多。就算塑料袋里装的东西本身并不危险，但如果连着塑料袋一起吞食，狗狗当然是不可能消化得了的。若是能顺利吐出倒还好，一旦卡住就危险了。在这种情况下，必须要让兽医决定是催吐还是运用内视镜或开刀将其取出。

习惯向主人讨要人类食物的狗狗，可能会偷吃主人不小心掉落的食物，甚至直接从餐桌上扒下食物来吃。主人可能会觉得自己喂食时挑选对狗狗无害的食品就好，但这种习惯其实是非常容易引发事故的。大部分家庭都不会给狗狗灌输像给导盲犬灌输的那样严格的"绝对服从"的观念，但要求狗狗不许在主人吃饭时靠近是非常重要的。只要看不到狗狗，也就不会因为狗狗撒娇而动摇、一时心软给它乱吃东西了。还可以通过安装栅栏等方式防止狗狗进入厨房。另外，在将刚买回来的食材暂时放到地上、还未将其放入冰箱的时候，也请注意不要让狗狗趁机乱翻。

给狗狗喂什么样的水比较好
——需要对宠物商店售卖的各种奇怪的饮料多加注意

市面上有各种各样的宠物食品，因此我经常收到狗狗主人的咨询。不过，也有人咨询过关于宠物饮料的问题。当我看到宠物商店售卖的那些狗狗用的瓶装水时才恍然大悟，原来大家还对这种商品有兴趣啊。那些宠物用的瓶装水的说明书上写的功效有的看起来挺像那么回事的，但也有很多是无法用现代科学解释的可疑宣传。事实上，市面上任何种类的商品中都不乏企图用伪科学来蒙骗没有相关知识的普通人的产品。

☀ 给狗狗喂食不合适的水可能会导致意外发生

想要给狗狗提供更好的水是非常有爱的想法，但是曾经就有狗狗因为喝了这类瓶装水而肝脏受损。刚开始我们都找不到具体原因，那位主人似乎也没有给狗狗喂食什么奇怪的食物，但听了主人更详细的说明后，我们才发现问题出在从宠物商店买回的宠物用水上。在停用了那种水后，总是居高不下的肝脏指标才终于下降了。当然，如果所有的狗狗在喝了那种水后都会出现问题，那么那种水肯定也不可能在市面上销售了。在这起案例中只是很不凑巧，那只狗狗不适合喝那种水。这种事情也是有可能发生的。

其实狗狗喝普通的自来水就可以了，根本没有必要专门花大价钱去买宠物用水，更何况这类商品还可能存在风险。如果实在担心自来水不干净，你也可以去附近的超市买一些天然矿泉水给狗狗饮用，这就已经足够了。

☀ 不得不给狗狗补充水分时可以给它喂些高汤

有些狗狗天生就不怎么喜欢喝水，但是如果患了尿路结石，就必须摄取大量水分。出现腹泻以及脱水征兆时，补充水分也非常重要，但是狗狗自己却不理解这点。这时候可以给它喂一些肉汤，或者用鲣鱼片煮出来的高汤等。摄取一些多余的营养成分可能会和狗狗的治疗方针产生冲突，但是高汤中那一点营养成分是在允许的误差范围之内的。

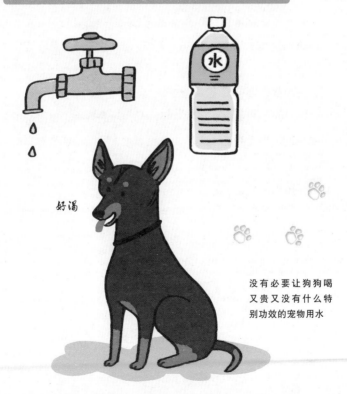

自来水或人喝的水对狗狗来说已经足够

好渴

没有必要让狗狗喝又贵又没有什么特别功效的宠物用水

装一瓶高汤，然后将其放到冰箱里冷藏起来；需要使用的时候，再用微波炉加热至和人体体温差不多的温度，这样高汤会散发出香味，引起狗狗的兴趣。当然，也有狗狗会无动于衷，但是如果遇到狗狗不好好喝水的情况，不妨尝试一下这个方法。

☀ 不要给不适合喝牛奶的狗狗喂牛奶

很多主人都会给狗狗喂牛奶。有的狗狗会因为消化不了牛奶而腹泻，所以一般情况下最好还是不要喂牛奶。不过在这方面也存在着很大的个体差异。如果你的狗狗喝完牛奶后没有出现什么问题，那么也是可以给它喂牛奶的。但是喝太多牛奶容易让狗狗长胖，所以要注意适量。将牛奶加水稀释后再喂食也不失为一个有效的办法。另外，也可以给狗狗喂宠物商店卖的山羊奶。但是请务必了解一点，那就是这些东西本身对狗狗来说并非必需品。如果狗狗腹泻了，牛奶可能是诱因，这时候需要暂停喂牛奶。

如果是肠胃健康、皮肤也不容易过敏的狗狗，兽医是不会提出太多要求的。但是我们没有理由自找麻烦，所以我认为对狗狗来说最安全的饮料还是自来水。如果想给狗狗喂食其他饮料，最好还是先和熟悉的兽医商量一下。

狗狗不愿意喝水怎么办

煮些肉汤，
只留汤

用鲣鱼片煮出
高汤，只留汤

当狗狗需要补充水分却不愿意喝水时，可以给它喂一些高汤。煮好的高汤可以放入冰箱保存，喂食的时候将其加热至人体体温的温度

可以给狗狗喂牛奶吗

可以喝吗？

牛奶

如果狗狗喝了牛奶之后没出现什么问题，那么也可以给它喂一些牛奶，但是没必要特别积极地让它喝牛奶。因为牛奶可能导致狗狗腹泻或发胖

接种疫苗的费用是高是低

似乎有很多主人都觉得能够打一针就完事的疫苗接种的费用有些高。确实，以"疫苗接种"为首的各种"预防医疗"行为都是不太费事的医疗行为，其在成本方面比较有优势，是宠物医院的主要收入来源。

但是，宠物医院还会接诊很多患有疑难杂症的狗狗。越是难治的病症，对设备、消耗品、工作人员的人数、诊察时间、治疗时间的要求就越高。

一名兽医如果要贴身照顾一只重病的狗狗，有时候会一整天都没办法进行其他工作。在这种情况下，每天都需要数千元人民币的治疗费用，但事实上，很多宠物医院收取的费用都会低于这一标准。

换句话说，很多宠物医院的经营模式，是用通过日常接种疫苗获取的利润来补贴重病宠物的治疗费用，这就有点像"互助保险"。如果某一家宠物医院完全没有带宠物来接种疫苗的顾客，只能接收重症的宠物，那么这家医院离破产也就不远了。也有一些专业程度很高的宠物医院只看疑难杂症，但是这些医院基本上都将诊疗费用定得很高。

这几年疫苗接种的费用也在逐渐降低，这是因为宠物医院之间的竞争愈发激烈，如果不调整费用就保障不了顾客流量。另外，在疫苗接种的有效期上，宠物之间的个体差异很大，目前有效期基本上都是一年，但今后疫苗接种的频率有可能会延长。如此一来，宠物医院在疫苗接种上能取得的收入就更少了。在带宠物去医院时，请不要单独比较接种一次疫苗和看一次病的费用，考虑整体费用才更为合理。

发烧却又浑身发冷

—— 要用体温计准确测量体温

狗狗的体温虽然也存在个体差异，但基本上都处于 38.5℃~39.5℃，也就是比人的体温稍微高一点。狗狗身上有皮毛覆盖，而隔着皮毛是很难准确测量体温的。要准确测量出狗狗的体温就需要掌握一些技巧。在给狗狗测量体温时，请将人用的体温计插入狗狗肛门内 2~3cm 深。

狗狗在运动、感到兴奋或恐惧时体温会上升。比如，在等待诊察时，如果狗狗一直很恐惧，体温就会上升。要给狗狗测量体温，一定要在它放松、安静的状态下测量，这和给人测量体温是一样的。

很多主人经常会在没有准确测量出体温的情况下就觉得自己的狗狗发烧了，然后慌慌忙忙跑到医院，结果一半以上的情况都是错觉。人类稍有不适就会发烧，但是动物发烧的频率其实并不高。另外，即使体表温度升高，体内温度也有可能是正常的。不过也有乍一看体温正常，仔细一测量却发现体温较高的情况，所以千万不要随便摸摸狗狗的身体就下定论了。

❀ 体温升高怎么办

狗狗的体温超过 39.5℃ 就可以明确判定为发烧了，但事实上没有什么疾病的症状是以发烧为主的，或者说没有什么疾病是一定会出现发烧症状的（不过有数不清的疾病可能会伴有发烧的症状）。伴有发烧症状的疾病主要有犬瘟热、钩端螺旋体病等，但事实上因这些感染性疾病而来医院的狗狗并不多见。

犬类体温较高、正常、较低的分界线

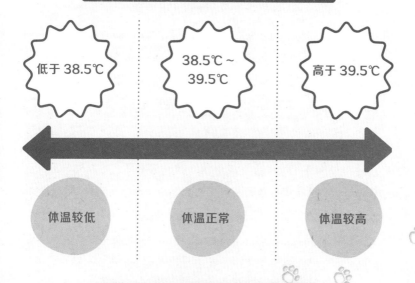

低于 38.5℃

38.5℃ ~ 39.5℃

高于 39.5℃

体温较低

体温正常

体温较高

要通过肛门来测量狗狗的体温

做什么？

如果狗狗不配合测量，也没有必要硬要在家中测量体温，可以将这个工作交给兽医去做。
要是为了测量体温而不小心伤到自己的狗狗就得不偿失了

常见的导致狗狗发烧的疾病主要是一些难以命名的亚健康问题、外伤、关节疼痛、内脏疼痛、癫痫发作、中暑等。这些疾病也是有可能危及性命的，如果狗狗发烧且呼吸困难，状态看起来不太正常，请一定要及时将狗狗送到宠物医院诊察。如果除了发烧没有什么其他症状，睡眠、饮食、排泄都还比较正常，可以观察一段时间后再重新测一下体温。不过，如果狗狗持续发热，则还是要带它去医院检查一下。

☀ 体温降低怎么办

动物的体温降低代表着其身体状况非常不好，是濒死的危险信号。外伤和内脏疾病等各种疾病在危及生命时都会让狗狗陷入低温状态，基本上狗狗的体温低于38℃就可以判断为低温状态了。虽然高龄犬的体温保持在37.5℃左右也并不稀奇，但是如果你的狗狗年龄不是特别大，体温却突然下降，状态看起来也不太正常，请一定要马上将它送到宠物医院。

在急救处理方面，可以在瓶中灌满温度为40℃左右的热水，用毛巾卷住瓶身，或用袜子套住瓶身，然后将热水瓶放到狗狗身旁。注意热水瓶不要太热，否则会导致低温烫伤。

从体温变化上发现狗狗身体状况的异常其实算是比较滞后的方法。一般来说，在这之前都会有一些更易察觉的症状。通过仔细观察狗狗的精神状态、表情等，主人应该可以更早察觉到狗狗的异常。观察狗狗体温正常时的状态，感觉到可能有异常时及时为狗狗测量体温，这种方法也很不错。

软头电子体温计

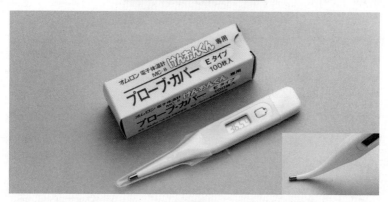

人用的电子体温计基本上使用一次性探头盖即可。照片上的探头盖为欧姆龙 Health Care PROBE COVER。可以在宠物商店等购买前端可弯曲的软头电子体温计，这样狗狗即使乱动也不会受伤了（照片中展示的就是软头电子体温计）

用热水瓶给狗狗保暖

约 40℃

要给狗狗保暖，可以在瓶中灌入热水，用袜子等裹住瓶身，将其做成热水袋来使用。这种方法看似原始，但无须做特别的准备，是一种简单而方便的方法

腹泻、便秘

——如果长期持续腹泻、便秘或出现便血即为危急情况

☀ 狗狗腹泻怎么办

导致腹泻的原因主要有肠胃（主要是肠道）虚弱、细菌感染、病毒感染、寄生虫、误食异物等。腹泻是身体为了排泄不好的东西而积极运作的表现。首先我们要知道,什么样的粪便才代表狗狗正在腹泻。（见第129页图片）

对于腹泻问题,基本上只要能找到原因即可迅速治好。比如,若是因夏季炎热喝太多冰水这类非常明显的原因而导致的腹泻,那问题就只是肠胃虚弱,可以尝试将狗粮的量减半,或干脆少喂一餐等。如果腹泻就此停止,就代表没有问题了。

但是如果久久无法找出病因,或脏器长期失调,腹泻就很难停止。腹泻会带来很多危害,最快出现的可能致命的危害就是脱水。本来应该由肠道吸收的水分直接从肛门排出,这样可能会使幼犬和高龄犬在1~2日死亡。霍乱等会引起严重腹泻的传染病曾经使很多人不幸丧命,但后来静脉滴注的发明大大降低了病死率。犬类也是如此,要维持体力,补充水分非常重要。只要狗狗的肠道还保有一点吸收能力,就可以少量多次地喂它喝一些狗狗用的补充水分的饮料。

但是因过于严重的腹泻而导致身体失去的水分,并不是简简单单就能补回来的,这时候就需要去医院输液。若要让肠胃得到充分休息,断食也是一种常用手段,但是对于幼犬以及体弱的狗狗来说,断食也会给它们的身体造成损害。

怎样的粪便算是腹泻

正常的粪便

固体

硬度适中，不会粘在地上，用手抓起来也不会散

软便

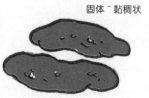

固体~黏稠状

成一定形状，但在距离地面较近的地方会变形，用手拿起来后会有一部分残留在地上

腹泻

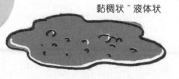

黏稠状~液体状

如果想用手拿起来却无法做到、粪便会残留在地面上的话，就不能将其算作正常的粪便了。不过，有的狗狗的粪便也可能本来就是这样的

宠物医院不时就会遇到一些因主人"明日复明日"的大意拖延而导致狗狗腹泻几天后、病危才送到医院的病例。就算打算观察一下情况再送医院，也不要无休止地观察下去。另外，如果狗狗的粪便中带血，就代表狗狗的内脏已经出了很大的问题。除了腹泻，其他问题也可能会导致粪便带血，遇到这种情况请马上将狗狗送到医院。腹泻与呕吐并发时，也要马上去医院检查。

✽ 狗狗便秘怎么办

如果便秘只持续数日问题倒还不大，但如果长期持续便秘，大肠中可能会堆积非常粗硬的粪便，最后狗狗可能无法靠自身的力量将粪便排出。对于狗狗来说，便秘比腹泻要少见，但是因衰老或癌症而导致的肠道蠕动能力变弱、腹压下降、控制排便的神经功能变弱等问题，都可能导致狗狗便秘。

如果狗狗时不时就便秘，最好开始让它食用高纤维食物。除此之外，还可以开一些使粪便变软的通便药。

如果本来只是暂时性的便秘，但在之后却发展到无法排泄的地步，那么此时就可以用灌肠的方法帮助狗狗排出宿便，之后再改善饮食结构即可。但是如果发展成巨大结肠症，肠道就会永远处于扩张状态，在这种情况下，主人就需要为狗狗进行终生的排便护理了。

还有一些原因不明的暂时性便秘。在腹泻后的恢复期，即空空如也的肠道开始重新堆积食物的阶段，狗狗排便的次数会暂时减少。这种暂时性便秘可能会持续两天左右。

但是，在温柔抚摸狗狗下腹部时，如果摸到较大的奇怪硬物，并且在这之前狗狗刚出过交通事故或同时伴有其他的异常情况，这种便秘基本上就不用指望它能自然恢复了。必须要将狗狗送到宠物医院检查处理，否则会给狗狗的大肠增加负担，进而损伤它的身体。

暂时性腹泻可以通过断食、减餐来解决

断食是一种古老的帮助肠胃休息的方法。不过如果需要补充消耗掉的体力，则需要同时输液

粪便带血请马上将狗狗送医院

暂时性便秘有时会导致粪便中带有少量的血，但如果出血量较大则代表狗狗的身体出现问题了

131

突然昏倒

——即使马上又站起来了也要立即
将狗狗送到医院

　　狗狗突然昏倒，如果不是完全失去意识，只是有些头晕，或者马上又站起来了，在这种情况下很多主人都会决定再观察一下。但是这种情况其实非常危险。当狗狗出现这种问题时，请一定要马上将它送到最近的宠物医院。谁也不知道下次发作会是什么时候，如果正巧在半夜发作，狗狗很可能就直接死亡了。如果观察了几个月后，发现发作的频率增高、昏倒的时间变长，等到情况恶化了才将狗狗送到医院，这时候治疗也晚了。另外，当狗狗昏倒时，要仔细观察它的状态，并做好记录。

　　突然昏倒大多是因为心脑问题，尤其是癫痫，由这个问题导致的突然昏倒的病例占了大半。癫痫就是一种脑部神经元过度放电，从而导致意识丧失、全身出现痉挛的疾病。轻度癫痫基本上几分钟后可以平复，但是重度癫痫可能会导致长达数十分钟的强烈痉挛，在这个过程中狗狗可能会因为自身散发的热量过多而被热死，或是大脑留下重度残疾。不过，强烈痉挛很少会突然出现，只要在初期阶段能够将狗狗送到医院治疗就还有应对方法。传统的治疗方法是精神性药物治疗，绝大部分癫痫都可以通过药物改善。

　　癫痫发作的时间有时是毫无逻辑的，恐惧、兴奋、愤怒等剧烈的情绪变化都可能是癫痫发作的导火索。这需要主人在日常生活中用心给狗狗提供安全感，让它保持平和的精神状态。

　　如果狗狗癫痫发作，看起来在家中无法治好的话，就算是半夜也千万不要犹豫，一定要尽快将狗狗送到有夜间急诊的宠物医院。如果狗狗的身体很热,请先给它的四肢内侧、腹部浇水,等降温后再出发。癫痫和中暑一样,狗狗都可能因体温过高而死亡。

如果是心脏问题导致的昏倒,病情严重的狗狗基本上会直接猝死;如果是不太严重的情况,狗狗主要会出现由运动、兴奋引起的低血压眩晕,表现为意识模糊、脱力,如果心跳马上恢复,狗狗在几十秒内就能够重新站起来。这样的狗狗大多是心脏功能本来就比较弱,再加上运动、兴奋过度就会昏倒,即使重新站起来,身体也还是虚弱的。如果在平常的观察中已经发现了异常,或是狗狗表现出了发作的征兆,请马上将它送到宠物医院进行仔细检查。

发热严重时给狗狗浇水降温

癫痫和中暑一样,发作时狗狗的体温会急剧上升,可以用浇水的方式来给狗狗降温。可以用淋浴等方式温柔地给狗狗浇水,不过要注意不要浇脸,呛水对狗狗来说非常危险。浇水并不能够抑制癫痫,所以降温过后请马上将狗狗送去宠物医院

31 吐
——吐有两种类型

犬类本来就是一种容易吐的动物。吐其实有两种类型，一是呕吐，二是吐出。呕吐是指将已经消化过的食物、胃液等吐出，而吐出则是指将吃下的食物马上吐出来。

☀ 呕吐

狗狗有时候会舔食自己吐出来的东西，这其实是因为它觉得"哎呀，一不小心吐出来了，太浪费了，要吃回来才行"。根据这种情况大致可以排除身患重病的可能性，偶尔出现这种情况时不必太过担心。

但是如果狗狗频繁呕吐，也不愿意吃东西，没什么精神，甚至呕吐物里还带有血迹，请马上将它送去宠物医院。

这种情况最常见的病因是肠胃炎，狗狗只要及时接受治疗，基本上就能很快痊愈。较常见的病因就是前面讲过的误食异物了。偶尔还会出现，由于饥饿过度而呕吐的情况。如果狗狗在吃饭前吐出了少量的胃液，请少量多次地给它喂食易消化的东西，缩短它空腹的时间，这样做有时就能直接将狗狗治好了。如果狗狗没有其他不舒服的地方，可以尝试改变一下喂食方式。

导致呕吐的原因很多，例如脑神经异常、肌肉骨骼疼痛、内脏疾病、癌症等，简单来讲，可以说任何问题都可能导致呕吐。

呕吐可能是很多疾病的外在表现之一，很多时候事态可能远比主人想象的要严重得多。对于呕吐问题，宠物医院除了要对病犬做基础的血液检查、X 光检查外，有时还需要做特殊的血液检查。有

狗狗会吐的主要原因

类型	原因
呕吐	偶发性呕吐
	吃太多
	过度饥饿导致恶心、吐酸水
	狗粮过期或腐坏
	胃中有异物
	胃有炎症或肿瘤等异常情况
	其他内脏疾病的影响
	传染病导致身体衰弱
吐出	食道狭窄
	巨食管症

狗狗舔食吐出来的东西没问题吗

不好！太浪费了！

如果狗狗舔食吐出来的东西，要判断会不会出现问题主要是要观察狗狗自身精神状态怎么样。不过，就算精神状态挺好、看起来没有痛苦的表现，如果狗狗过于频繁地呕吐、反复舔食呕吐物，也是异常表现，在这种情况下还是要及时送医

135

些狗狗平常就很容易呕吐，越是这样主人越容易掉以轻心，千万不要错过送医的时机。

☀ 吐出

如果狗狗刚吃完东西没过几秒就又吐出来，有可能是因为食物没能到达胃部，停在了食道里。导致这种情况的主要原因有食道过窄（食道狭窄）或食道过松（巨食管症）等。食道狭窄的成因可能是被异物划伤的食道修复时发生瘢痕收缩，或是本应在胎儿发育时就该消失的血管不幸残留，从而环绕压迫食道导致先天性食道异常等。巨食管症则是指食道因某种原因（大多数情况下原因都不明确）而松弛，从而导致食道无力将食物送进胃部。如果食道过窄的成因是先天性问题就可以通过手术解决，而如果是其他成因就很难根治了。

如果狗狗患有这类疾病，就需要主人在生活上多费心思照料狗狗。喂食时可以让狗狗保持直立；喂食后，喂一口水冲刷它的口腔与食道，然后一直抱着它保持直立状态，直到食物进入胃中。另外，无论是呕吐还是吐出，都有可能发生呕吐物呛入气管或肺部（吸入性肺炎）的危急情况。频繁的呕吐还会导致胃酸流失过多，可能会让狗狗的身体处于碱性过度的状态，胃酸还可能烧伤食道或口腔黏膜。如果狗狗因为这些问题而长期无法正常饮食，则可能有生命危险。

空腹呕吐可以分 3~5 餐喂食

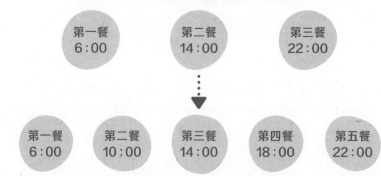

| 第一餐 6:00 | 第二餐 14:00 | 第三餐 22:00 |

| 第一餐 6:00 | 第二餐 10:00 | 第三餐 14:00 | 第四餐 18:00 | 第五餐 22:00 |

需要注意的是，每餐之间至少要间隔 3 小时。喂食太过频繁的话，上一餐的食物可能还没消化干净呢

非常危险的误咽性肺炎

咳咳

呕吐物呛入气管会导致
狗狗呼吸困难

137

拖着腿走路
——原因可能既非挫伤亦非骨折

经常会有主人跑来和兽医说自家狗狗的腿好像有点奇怪，但是奇怪也分很多种。仔细观察会发现，有的狗狗可能会格外护着某一条腿，或者会将某一条腿抬起来晃动。用专业术语来说，这种行为叫作"跛行"，可能是因为先天性疾病、受伤、关节炎等问题而导致狗狗无法正常行动。常见的原因有趾间炎等，关于趾间炎的知识在第68页已经讲过了，下面来讲讲其他原因。

☀ 挫伤、骨折

比较活泼的狗狗，无论是在室内还是室外都会比较好动。有的狗狗会因碰到障碍物而受伤，更糟糕的情况还有从楼梯上滚落下来而受伤的。如果主人正好目击狗狗受伤，在一定程度上是可以预估出伤情轻重的，但在大部分情况下还是需要通过触诊以及拍片来确认狗狗是否骨折，及时判断骨折伤并治疗，否则骨折伤会给狗狗带来很大疼痛。

大多数狗狗在被碰到伤处时都会表现出抗拒或者愤怒的样子。但是，耐受度较高的狗狗，如果只是受了挫伤，可能没什么太大反应，有的甚至还会若无其事地在院内走动，拼命伪装成没事的样子。这其实是野生动物的一种本能，为的是不在敌人面前暴露自己的弱点，警戒心越强的狗狗越会这样隐藏自己的不适。

对于这种狗狗，就需要主人在带它前往医院的途中仔细观察情况。如果情况难以用语言描述，可以用手机、数码相机等工具录像，然后将视频交给兽医看，这将会有很大的帮助。

膝盖韧带拉伤导致的膝关节错位、脱臼，膝关节连接面处的韧带拉伤导致的膝交叉韧带断裂、半月板损伤等病症，必须要通过手术来修复。如果狗狗一直表现出异常的疼痛，请将狗狗送去医院进行详细检查。不过，手术也不是万能的，有时手术可能会让狗狗留下残疾，或是手术之后旧伤疼痛复发。

如果是骨折，狗狗基本上都不可能做到隐瞒疼痛了，肯定会表现出来。一般来讲，狗狗保护伤处的表现越夸张就代表疼痛感越强烈，请尽早送去医院治疗。如果放任不管，之后可能会更难治愈。

关节脱臼的治疗方法需视情况严重程度而定，有的需要做手术，有的则可以保守治疗。现在有的地方也可以给宠物实施人工关节置换手术了，如有需要可以向高校附属医院等机构的关节整形专家详细咨询。

有的狗狗可能会逞强隐瞒伤情

狗狗可能会因紧张、警戒而隐瞒伤情

✿ 椎间盘突出导致的神经异常

即使肌肉和骨骼没问题，控制肌肉和骨骼的神经出现问题，也会导致狗狗行走时出现异常。这种异常大部分缘于椎间盘突出导致的脊椎问题，也有小部分缘于大脑和神经末梢问题。人在椎间盘突出时，可能会出现指尖麻痹的情况，严重时整个下半身都会麻痹，症状由患处在脊椎骨的哪个部分以及伤情的严重程度决定。另外，胸椎和腰椎的交界处附近是最容易出现问题的部位。

狗狗椎间盘突出的具体表现有用后足脚背走路、像在忍痛似的一步一抽搐、走路跛跎、坐下时会将后足向前伸出等。初期症状轻微时，可以通过加热患处、药物治疗等方式来治疗炎症，症状严重时就需要手术治疗了。从高处跳下时，脊椎骨会受到冲击，很容易导致病情恶化，这一点主人需要注意。无论采用哪种治疗方法，复发的可能性都很大，所以治愈后需要一直注意限制狗狗的运动强度。

✿ 肿瘤

这是最为糟糕的一种情况。如果病因真的是肿瘤，而且已经发展到狗狗开始表现出疼痛了，那就意味着病情已经严重到一定程度了。如果发现了肿瘤，可能需要截肢治疗，但如果癌细胞已经转移到了躯干部位，很多人也会选择不给狗狗做手术，只采取支持疗法。

另外，由于人是用双腿行走的，失去一条腿会给行动带来非常大的不便，但狗狗是用四条腿走路的，所以哪怕失去一条腿，基本上也还是可以行动的。但是主人看到狗狗这样大多会非常痛苦，所以有的主人无论如何也不愿意给狗狗截肢。

关节部位的手术难度很高，而且这个部位也是非常容易受到感染的部位。比起没什么把握、大费周章地治疗一番而又失败来讲，用石膏固定并配合消炎药的传统治疗方法从结果上来看可能更称得上是为狗狗考虑。即使治疗后可能多少会留下一些残疾也没关系，只要狗狗不会再继续感到疼痛就可以了。关于这点每个兽医的看法可能会存在分歧，请在和负责的兽医仔细商谈后再决定治疗方案。

用脚背走路

正常来说，狗狗要用四肢接触什么东西时，应该会条件反射地用肉垫去触碰。当狗狗不用肉垫触地，而是用脚背触地时，有可能是神经出现了异常

坐下时将后足向前伸出

坐下时不屈起后足，而是直接向前伸出。在大多数情况下还同时伴有站不起来的问题

33 呼吸异常、咳嗽
—— 狗狗可能患上犬瘟热等危险疾病

犬类本来就是会频繁伸出舌头呼吸的动物，因此很多幼犬会感染犬副流感病毒。这种病毒会使狗狗的鼻腔到气管之间的部位产生严重的炎症，从而导致狗狗呼吸困难。狗狗会像有痰卡在嗓子里一样呼吸困难、剧烈咳嗽，并且可能因此而呕吐，有时还会因不小心呛入呕吐物而导致病情急剧恶化。犬副流感病毒常引起狗狗食欲不振，对于能量需求大的幼犬和体弱犬来说，很快因衰弱而走向死亡也并不稀奇。成犬一般很少会恶化到这种地步，但幼犬真的可能会马上陷入虚弱状态，请及时将其送去医院治疗。

犬瘟热的初期症状与犬副流感的症状很相似，但只要到医院检查一下就能马上确定是哪种病毒。在大多数情况下，主人都是在发现自家狗狗的感冒总是不好，或者是病情好像越来越严重时才会将狗狗送去医院。犬瘟热病情恶化后，狗狗会出现痉挛、眼球发生异常等特殊症状。但当病情已经恶化到这种程度时狗狗基本上就没救了。即使在初期及时发现并全力治疗，之后也可能会留下一些神经性的后遗症。不过，这些疾病都是可以通过接种疫苗来预防的。（参考第 168 页）

成犬常见的呼吸道疾病有气管塌陷等。气管塌陷常见于肥胖的小型犬和中型犬，是一种因支撑气管的软骨和膜变形后而导致空气流通变差，从而造成呼吸困难的疾病。气管塌陷可以通过药物治疗，但是病情严重的话最终会导致狗狗呼吸困难、衰弱而死。预防方法有减肥，使用安全绳，避免用项圈压迫狗狗颈部等；治疗方法则需要尽早开始药物治疗，这样可以很有效地阻止病情恶化。一旦发现问题，请马上将狗狗送去医院治疗。现在也有人在尝试通过整形手术来治疗气管塌陷，但这种手术的难度非常高，一不小心气管就有可能坏死，导致狗狗直接死亡。目前有能力进行这种手术的医院还非常少。

☀ 其他呼吸异常的情况

狗狗在外面和其他狗打架时，如果胸腔部位不小心被咬破，细菌有可能会进入肺部，最后导致肺部化脓。因此，遛狗时要注意狗狗打架后有没有受外伤。另外，狗狗要将呛在喉咙里的异物吐出时，异物可能会意外地进入鼻腔，就像人喝牛奶被呛到，最后牛奶从鼻腔流出来一样。如果狗狗一直打喷嚏，但异物还是出不来的话，那么兽医就只能用内视镜从口腔插入鼻腔帮它取出异物了。

大型犬呼吸异常时，声音会很大，足以让人听出来，可能是呼哧呼哧的拉风箱似的喘息声，也可能是卡着痰似的呼吸不畅时的声音

另外，胸水（由肋骨保护的胸腔及两肺之间液体积蓄过多，肺浸没在液体中无法吸入空气）、肺水肿（肺中有水分导致无法吸入空气）、肺炎、肿瘤等疾病也会导致狗狗呼吸异常。肺水肿常出现在心脏疾病晚期，如果平常注意体检，是可以在尚不严重时检查出来的。如果不注意体检，无法尽早发现并治疗的话，等到病情恶化到咳嗽不断时就肯定是心脏疾病晚期了，到那时治愈的希望就很渺茫了。

另外，肺癌的发现往往会比较晚，即使是发生在人类身上也是如此，肺部的肿瘤不长大到一定程度时是不会导致呼吸异常的。等到呼吸异常了，癌细胞基本上也已经扩散到整个肺部了，这时再想通过手术摘除，难度会非常大。我曾经做过一例手术，成功切除了一只病犬肺外侧褶皱内的一个像水气球似的肿瘤。但是大部分情况下，肺部的肿瘤都是长在海绵状的肺部内部的，无法通过手术切除，主人一般只能选择保守治疗来减轻病犬的痛苦。

如上所述，呼吸道疾病的初期症状往往是很难发觉的，等到发现是恶性疾病时，很可能为时已晚。中年及高龄犬都应该接受定期体检，主人应该在日常生活中就注意观察。另外，很多狗狗到宠物医院后会因为兴奋或紧张而无法放松地正常呼吸。而兽医主要是通过观察狗狗的呼吸情况、拍胸片、听心音等方法进行检查，可供判断的条件越多越好，所以主人最好在送狗狗到医院前就观察并记录好狗狗在平静状态下的样子，检查时告诉医生，这样有助于医生做判断。

正常	气管塌陷

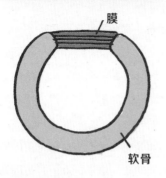

膜

软骨

正常的气管是圆形的

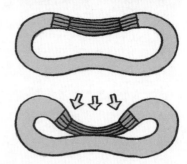

膜和软骨出现问题，气管变成椭圆形。用力呼吸时中央部分会塌陷导致空气难以通过

自家狗狗和其他狗狗打架时要特别注意

需要注意的区域

如图所示，如果打架后狗狗的侧腹部肋骨附近受伤，细菌有可能会进入胸腔。如果胸腔化脓后又没有及时接受治疗，狗狗可能会死于呼吸困难，请多加注意

莫名其妙变得消瘦
—— 如果一碰就能摸到骨头就意味着非常危险了

当今时代被称为"过食时代"，很多狗狗都有肥胖症，但是也会有因厌食而变得瘦骨嶙峋的狗狗。要确认自己的狗狗是不是太瘦，最好的办法就是摸一摸它。要检查的地方有两处，一是背部，二是侧腹。如果一碰就能摸到脊椎骨或者肋骨，就代表狗狗太瘦了。最主要的问题在于，大多数主人都不会因为狗狗太瘦而把它送来医院。这是因为大家很容易误以为瘦一点总比太胖了好，而且如果狗狗是逐渐消瘦的，主人会比较难发觉。

狗狗过瘦，在大多数情况下都是因为主人将人类对减肥的严格要求加诸狗狗，有的主人会异常恐惧狗狗发胖，喂食的狗粮根本不够狗狗食用。这实际上是主人控制狗狗体重失败的表现，用专业术语来讲就是狗狗过于"消瘦"了。如果问题出在主人喂食的狗粮过少上，那么基本上只要增加狗粮就可以了。但是如果主人喂食的狗粮的量并没有什么问题，狗狗却越发消瘦，那可能就是狗狗的身体出现异常情况了。主要的情况有以下 4 点。

①无法消化、吸收营养成分

消化和吸收是两个不同的步骤。动物吃下去的食物会被唾液、胃液、胰液、胆汁等消化，然后主要由小肠吸收营养成分。但是，如果消化过程中出现消化液分泌不足的情况，食物可能就无法被正常消化，那么即使狗狗的吸收能力是正常的，也会导致营养成分无法被正常吸收而直接流失。另一方面，如果是肠道黏膜出现异常导致营养成分无法被正常吸收，那么即使消化过程是正常的，好不容易被消化的食物中的营养成分也会直接流失，无法被正常吸收。这种情况大多会伴随着腹泻，但是也有的狗狗的粪便看似正常，一经检查其中的消化酶却显示不正常。不过，只要给消化不良的狗狗喂一些消化酶药剂补充一下，其消化不良的症状就能有很大的改善。但是吸收不良却很可能是由肠黏膜炎症或异常引起的，如果是慢性疾病可能很难治好。吸收不良有时候需要手术采样，取部分肠道组织并对其进行病理检查才能明确病因。

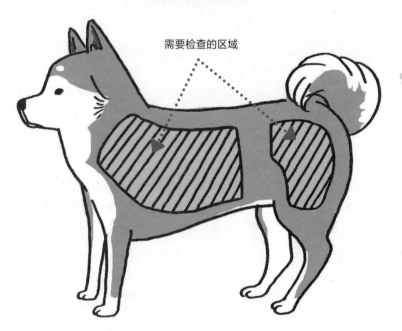

可以抚摸或揉一揉狗狗的侧胸或臀部来感受一下它身上的肉会不会太少。日常就多注意狗狗臀部的紧实度，一旦发生变化就能很快察觉。另外，也不要忘记抚摸一下狗狗的背部，如果一碰就能摸到脊椎骨，就证明狗狗太瘦了

②无法很好地利用营养成分

由小肠吸收的营养成分会通过门静脉被输送至肝脏进行处理，肝脏会将营养成分合成为蛋白质等各种物质。由肝脏合成的各种物质接着会再次由血液运输至全身各处以供身体利用。如果肝脏功能出现问题，这一处理过程就会不畅，身体就会出现营养不良的问题。另外，脂肪是由淋巴液而非血液运输的，是从另一条通道流转至静脉与血液合流的。

常见的肝脏功能问题主要有由肝癌、肝脏先天性功能障碍、老龄化等问题导致的慢性肝功能衰竭，偶尔也会有因门静脉、肝脏血管的流通路径出现异常而导致的未经处理的血液直接流向全身的疾病。如果肿瘤只长在肝脏的边缘部位，还是可以通过手术切除的，但是在大部分情况下，肿瘤都会分布在整个肝脏，很多时候都是无法治愈的。

另外，随着年龄的增长，狗狗的肝脏功能会不可避免地越来越差，喂食营养辅助食品或者专为肝功能障碍设计的狗粮会对这种情况起到一定的改善作用。

③营养成分被癌细胞吸收了

在大多数情况下，癌细胞会侵占很多营养成分，尤其会消耗很多葡萄糖。所以在这种情况下，我们可以在狗粮的营养配方中增加蛋白质和脂肪，减少含有过多的糖的碳水化合物。处方粮中有针对这种情况而调配、制造的种类，可以在向熟悉的兽医咨询之后选用合适的产品。处方粮并不会很快就达到显著的效果，但可以在做手术或服用抗癌药等对应治疗不顺利时，将其作为支持性治疗手段而使用。

④营养成分不知通过什么方式流失了

要说动物身体的"出口"，那就只有"大小便"的器官了。换句话说，在这种情况下可以怀疑是肾脏出现了严重问题而导致蛋白质流失（糖尿病性肾病变）或蛋白丢失性肠病。这两种疾病都很难治愈，尤其是在难以确定病因的情况下，就只能通过补充优质营养成分等支持性治疗手段来维持狗狗的生命了。如果能顺利找到病因，狗狗的身体状况还是可以好转的；但是如果找不到病因，狗狗的身体健康只会每况愈下。

综上所述，狗狗莫名其妙变得消瘦是一种非常危险的征兆。高龄犬因年迈而越发消瘦也是无可奈何的事，但如果消瘦的原因并非年龄问题，就需要多加重视了。日常使用的狗粮包装袋上都写着每千克体重该喂食多少量。如果狗狗太瘦，可以在这个标准的基础上多喂一些狗粮；如果狗狗体重能够因此而渐渐增加，那就没问题了。

如果喂食正常狗狗却还是消瘦则需要多加注意

消瘦原因	应对方法
无法消化、吸收营养成分	使用消化酶药剂
无法很好地利用营养成分	使用营养辅助食品、饮食疗法
营养成分被癌细胞吸收了	使用饮食疗法、抗癌药、手术
营养成分不知通过什么方式流失了	使用补充营养成分等支持性治疗手段

35 关于眼睛的各种问题
—— 有的白内障是可以通过手术治愈的

狗狗的眼睛属于主人会频繁看到的部位，如果出现什么异常，相较而言会比较容易被发现。但是有时会比较难看清长毛犬的眼睛，因此，有些通过眼周的分泌物体现出来的异常情况可能会被忽视。主人应该定期帮助狗狗清洁眼周，仔细观察狗狗的眼部情况。下面将介绍一些可以用来判定眼部异常的症状。

☀ 眼珠出现白浊

眼球表面呈白色和眼珠出现白浊有很大差别。眼珠出现白浊首先应该怀疑的就是狗狗患了白内障。白内障是一种因负责聚焦的晶状体发生白浊样变而导致的光线无法正常通过晶状体的疾病，这种疾病会引起视力障碍。

晶状体位于瞳孔（虹膜中心的会随着光线变化而放大或缩小的小圆孔）后侧，在没有异常的情况下是透明的，所以很难观察到。但是如果得了白内障，瞳孔深处看起来就是白浊样的，很容易看出异常。

白内障中最常见的情况是老年性白内障。老年性白内障可以通过点眼药水来延缓病情的发展，但衰老的过程本身就是不可逆的，不应对这种方法抱有太大期待。人类可以通过手术将原来的晶状体替换为人工晶状体来治疗白内障，这种方法在犬类身上也是可行的，但是有没有必要给高龄犬做这种手术呢？这就需要考虑一下狗狗还能活多久，有需要的话可以找兽医咨询一下。这种手术的费用很高，有时费用可能会超过 30 万日元（据 2019-12-24 人民币兑日元汇率：1 日元 =0.0641 元人民币，此处约为 1.92 万元人民币）并且替换后的人

眼球各部位可能出现的问题

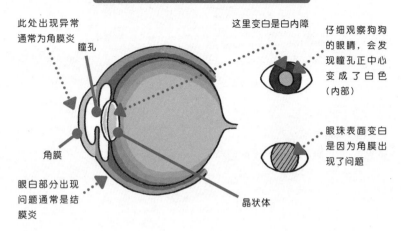

此处出现异常通常为角膜炎

瞳孔

这里变白是白内障

仔细观察狗狗的眼睛，会发现瞳孔正中心变成了白色（内部）

角膜

眼珠表面变白是因为角膜出现了问题

眼白部分出现问题通常是结膜炎

晶状体

工晶状体也有可能因意外冲撞而脱落。

另外，和人类不同的是，犬类并没有那么依赖视力，即使其视力因白内障而变弱，只要没有对实际生活造成太大影响，一般也只需对其进行一些内科治疗。先天性白内障、青年期白内障大多是由遗传因素导致的，根据实际情况也可选择进行前面讲到的替换晶状体的手术。

☀ 狗狗揉眼睛、眼睛分泌物多

狗狗揉眼睛代表它感觉到了炎症带来的不适，因而想要缓解不适。但不揉眼睛也并不代表一定没有炎症，这点需要主人注意。眼睛分泌物分为两种，一种是眼泪成分较多的半透明至茶褐色的分泌物，另一种则是以脓为主体的黄色分泌物。如果是狗狗对灰尘比较敏感而总是流泪，从而导致半透明至茶褐色的分泌物较多的情况，就不需要太积极地去治疗。但如果是以脓为主体的黄色分泌物就需要注意了，这是眼睛被感染的症状，如果一直放任不管，可能会导致后续治疗越发困难。在这种情况下还是请兽医用显微镜检查一下分泌物比较好。

☀ 眼白发黄、充血

狗狗因溶血、肝功能障碍等问题患上黄疸病时，眼白就会发黄，但这种情况还是比较少见的。由于黄疸病的症状非常明显，所以当你发现狗狗的眼白有点发黄时，就请及时带它就医。另外，如果感觉狗狗的眼睛有点充血，其实也不需要太过担心，因为犬类眼球中的血管比人类的多，所以即使是在正常状态下狗狗的眼睛看起来也好像充血了。主人只需好好观察狗狗平常的眼睛的情况，并用相机记录下来，偶尔将这些情况进行对比来判断是否真的充血即可。另外，如果眼睛真的充血了，有时也不一定意味着眼部出现了问题，还可能是其他疾病的征兆。

☀ 眼睑外翻，眼睑异常

眼睑边缘分布着分泌腺，如果分泌腺出现炎症，就会长"麦粒肿"。如果炎症出现的位置较深，且肿胀严重，眼睑可能会整个肿起变形，接触外界空气后症状可能会更加严重。下垂眼的西洋犬的下眼睑经常容易外翻，导致灰尘、细菌很容易侵入眼睛，因此平常需要用眼药水来补充泪液才行，这和缓解人类的干眼症的症状是一个道理。另外，眼睑上偶尔还可能会长恶性肿瘤。

☀ 眼睑内翻

眼睑边缘是外部皮肤和眼睛黏膜（结膜）的分界线。眼睑内翻主要是因为先天性问题，且会导致较硬的外部皮肤或眼睑上的毛发刺激眼球。如果眼球受到伤害，就会引发慢性炎症。如果症状比较轻微，可以通过认真除毛和点眼药水来缓解症状；症状严重时就需要做整形手术了。

要注意眼睛分泌物的颜色

如果是以脓为主体的黄色分泌物，很可能是感染某种疾病后出现的症状。照片上是相较而言比较正常的眼睛分泌物，请在分泌物干涸黏结前帮狗狗擦拭掉

对于下垂眼的西洋犬需要注意其眼睑周围的问题

下垂眼的西洋犬的眼睑周围很容易出现问题。照片中展示的是巴吉度猎犬

眼睑问题

眼睑无论是外翻还是内翻，都很容易对眼球造成伤害

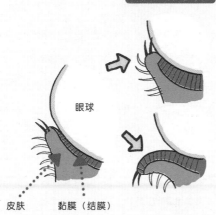

眼球

皮肤　黏膜（结膜）

内翻
皮肤、毛发会刺激眼球

外翻
炎症导致眼睑肿胀时，眼睑就会外翻。眼睑外翻容易导致狗狗眼睛干涩，灰尘也更容易侵入眼睛，而这样又会导致炎症恶化

36 关于耳朵的各种问题

——外耳、中耳、内耳都有可能发生各种问题

☀ 外耳炎

外耳炎是犬类的常见疾病。犬类耳朵的透气性很差，皮脂腺又多，因此，除了杂交犬以外的犬种的耳朵会非常频繁地出现炎症，尤其是耳道内也长毛的犬种或者垂耳的纯种犬。

狗狗在地上摩擦耳朵，或频繁地来回摇晃头部，都是耳朵出现问题的典型征兆，不过瘙痒的程度也因狗狗的性格和炎症的种类而有所不同。如果有虱子寄生，一般来说狗狗都会产生强烈反应，来表示自己很痒，但是对于除此以外的耳部问题，很多狗狗可能不会产生反应。外耳炎需要通过耳朵的清洁程度、颜色、味道、瘙痒程度等因素来综合判断，如果主人平常注意观察也能够比较容易地察觉到这种疾病。

另外，对于全身皮肤都很脆弱的狗狗来说，就算炎症暂时治好了，也可能经常复发，所以在治好之后主人需要定期对其进行检查和清洁。

外耳炎比较严重时，外耳道会因肿胀而缩小，最后可能连治疗用的细棉棒都插不进去。一旦发展到这个程度病情就会急速恶化，有时可能还需要动手术切除外耳道肿胀的部分。但是这种手术无法用在临近鼓膜的外耳道深处，所以也并不是万能的"最终武器"。和其他疾病一样，外耳炎也需要尽早发现、尽早治疗，这是非常重要的。

另外，气温和湿度越高越容易引起炎症，不仅是耳部，全身皮肤都是如此。主人在春、夏两季尤其需要注意狗狗的耳部问题，请定期仔细检查一下狗狗的耳朵。即使狗狗耳朵内部不发红也不发痒，只要

耳朵里比较脏，也是耳道异常的表现。

☀ 中耳炎

犬类比较少患中耳炎，但是当慢性鼻炎恶化、鼓膜破损、细菌或异物等侵入耳道深处，从而导致耳道深处化脓时，就会引起中耳炎。

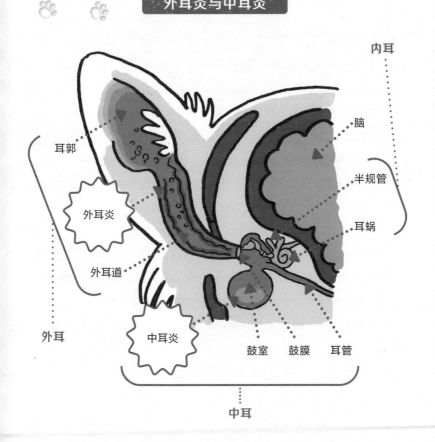

外耳炎与中耳炎

内耳

脑

半规管

耳蜗

耳郭

外耳炎

外耳道

外耳

中耳炎

鼓室　鼓膜　耳管

中耳

中耳炎很多时候是在诊断重度鼻炎、外耳炎，以及下面将要讲到的内耳问题的过程中被发现的，没有什么特别症状会让人直接怀疑狗狗患有中耳炎。

中耳与外耳不同，中耳是很难直接下手治疗的部位，主要靠抗生素等内科手段进行治疗。虽然也可以通过外科手段切开鼓膜进行清洗，但是如果治不好附近部位的其他并发症，这种手段也不会有太大效果。

☀ 内耳问题

内耳的一个重要功能就是感应重力。狗狗就是以这个重力感应器的信号为准，才能基本无意识地保持身体平衡。如果这个重力感应器失常，狗狗就会无法站直，身体会向左或向右倾斜。人类的内耳当然也有同样的功能。内耳失常时，用人类的感觉来形容，就是有点像坐在转椅上高速旋转后的感觉，或者无法掌握方向的醉酒状态。

内耳出现问题时，狗狗会大幅歪头，眼睛也会不停地左右乱看，情况严重时甚至可能会摔倒，再也站不起来，连吃饭喝水都做不到。强烈的眩晕感还可能会导致狗狗呕吐。在这种情况下需要进行输液等支持性治疗，直到内耳问题出现好转，否则狗狗的身体可能会越来越弱。内耳问题的症状可能是狗狗身体的倾斜幅度逐渐增大，但更多的还是突发异常状况，主人急匆匆地将狗狗送去医院的情况。

不过内耳的问题大多都是通过药物就可以治好的，请及时向兽医咨询。虽然有时狗狗可能恢复不到能够完全站直的状态，但即使身体有一点倾斜，只要不影响日常生活就没什么大问题。

另外，如果狗狗看起来听不见声音了，并且没有发现外耳和中耳出现了什么会影响听力的问题，就可以怀疑是内耳接收声音刺激的神经出现了问题。但是要查清是哪个部位出现了什么问题会比较困难，并且即使通过 CT、核磁共振等手段发现了肿瘤，要治好也很困难。

　　而且，很多时候我们其实也很难辨别出狗狗到底是真的听不到了，还是它不想理人，或者是年老后听力衰弱了、开始痴呆了。对于听觉上的问题，不经过充分的诊察和检查，兽医是很难给出一个准确的病因并提供非常明确的治疗方案的。

内耳出现问题时狗狗就会摇摇晃晃

如果狗狗的内耳出现问题，就会大幅歪头，眼睛也会不停地左右乱看。如果狗狗开始非常明显地摇摇晃晃，请马上将它送到医院

其他各种问题
—— 请不要错过狗狗无声的求助

除了前面讲到的那些信号以外，当狗狗感到身体出现问题时，还会向主人传达其他信号。下面介绍一些具有代表性的信号。

☀ 挠痒

狗狗总是挠痒，如果查出是皮肤炎，那么找到病因就可以治好，但是有时从狗狗外表上看不出有什么异常，狗狗却也会一直表现出很痒的样子。如果狗狗没有患皮肤炎，但它却一直舔身体的某个部位，甚至是咬到毛都秃了、皮肤都变红了，这种情况狗狗其实不是因为痒才舔，而是因为总舔而把皮肤都弄伤了才感到痒的。这时候就要通过给它套上伊丽莎白圈来进行物理隔绝、强制保护，如此就能治好了。

这种行为可能是压力过大导致的。有的狗狗为了缓解压力，会不停地舔自己的四肢；而有的狗狗则是因为发现只要自己一舔四肢，主人就会过来制止自己，所以它是为了得到主人的关心，才故意去乱舔的。如果狗狗没有炎症，或者炎症很轻，但却表现出异常的很痒的样子，那么就可以考虑可能是情绪方面出现了问题。另外，情绪问题可能还会导致本来很轻微的皮肤炎恶化。

☀ 肚子鼓起来了

如果只是单纯的胖了倒还好说（当然肥胖其实也是不好的），但如果背部很瘦，肚子却很鼓，那就有问题了。可能是营养或循环方面出现问题导致腹水（腹中有水积存），也可能是得了子宫蓄脓症，或者是内脏出现了大型肿瘤，以及体内存在异常宿便等问题。

最麻烦的是，出现这种症状就代表病情已经发展到相当严重的地步了。这种症状还会伴随呼吸困难、食欲下降等其他症状，往往这时主人才终于发现狗狗好像有些不对劲，才将狗狗送到医院接受诊察。

　　毛比较长、看起来非常蓬松的犬种，主人更是经常会注意不到它们腹部鼓起的异常症状，所以平时不要只凭外观判断，在狗狗正常的时候就认真地去感受一下它腹部的触感，记住正常状态下的感觉。如果腹部鼓起是因为腹水，那么这是可以很容易判断出来的。出现腹水时的触感和肥胖时的触感不同，轻轻敲一敲便会感觉腹部很松弛，有种波浪起伏的感觉；也可以抓住狗狗的前肢让它站起来，腹中液体就会坠到更靠下的下腹部。如果腹部明显鼓起却不带狗狗去治疗，基本

腹部异常鼓起是危险信号

背部很瘦，腹部却非常鼓的话，就需要注意了。这种情况比肥胖症还严重，是需要主人分秒必争地将狗狗送去治疗的危险情况。毛比较多的犬种出现这个问题时很容易被主人忽视，平常请多摸摸狗狗来确认其腹部是否异常鼓起

上过上几周至几个月狗狗就会有生命危险了。因此，遇到这种情况时请立即将狗狗送去医院接受诊察。

☀ 饮水增多、小便增多

小便太多可能是肾功能低下、子宫蓄脓症、激素异常、糖尿病、电解质异常等问题导致的。这些问题的共同点就是，如果主人稍稍限制一下狗狗的饮水量，狗狗马上就会脱水，甚至可能走向死亡。所以在这种情况下请一定不要限制狗狗的饮水量。

如果发现狗狗有饮水增多、小便增多的症状，最好在送去医院之前先在家里测试一下：如果不限量提供饮水，狗狗到底能喝多少（这是医生一定会问的问题）。虽然可能有点麻烦，但请在狗狗饮水前后用厨房用的秤仔细测量一下水的重量。另外，开始治疗后，为了观察治疗效果，有时还是会需要主人在家观察狗狗饮水量的变化。

这种情况一般都是缓慢发展的，如果不仔细观察很容易就会忽略。请时不时确认一下狗狗的饮水量。如果平时固定有一个人照顾狗狗，就会比较容易注意到饮水量的变化，但如果是家人共同照顾，就可能会注意不到这个问题，这点需要引起重视。

☀ 关于气味的各种问题

动物都会有其特有的气味，犬类当然也是如此。体味的变化是主人用来了解狗狗皮肤状态的有效信号。主人应该定期仔细闻一闻狗狗耳朵、脸上、全身的味道。

一些眼睛很容易遗漏的皮肤问题，很可能会通过气味而被发现。耳朵、脚尖、肛门附近本来就是气味比较浓郁的地方，同时也是炎症多发的地方，需要重点关注。气味变得更浓郁，基本上都是初期皮肤炎的表现。另外，有时也能通过尿液的气味发现问题。比如，细菌感染性膀胱炎就会让狗狗的尿液带有淡淡的药味，这是细菌繁殖导致的。

千万不要为了消除狗狗的体味就频繁地给它洗澡或者喷香水，这种行为只会给狗狗增添负担。洗澡过多也会引发皮肤炎并增加狗狗的精神压力。而且犬类的嗅觉比人类的嗅觉要灵敏得多，二者对好闻的气味的认知也是完全不同的。我家的狗狗就非常喜欢附近垃圾堆的味道，但对花坛里的花香却完全没有感觉。

测量饮水前后的容器重量

当狗狗饮水增多时，请在去宠物医院前，先测量好在不限量提供饮水的情况下，狗狗到底能喝多少水。用厨房用的秤测量一下狗狗饮水前后的容器重量，再将差值告诉兽医就可以了

38 骨折了也不安生
——会在意外地方受伤的狗狗

骨折在犬类的伤病中也是一种非常棘手的问题。有的不太严重的骨折，如果病患是人，只要老实静养一段时间，骨头就能轻松长好了，但是狗狗却不会老实静养。有的对于人来说只需要保持伤处不动、静养一个月左右就能好的骨折，发生在狗狗身上，经常要花上几个月才能好。这就是"骨愈合不全"症状。

骨折的常见原因是抱狗狗的时候没抱好，狗狗摔到地上了。特别是讨厌被人抱着、一抱就会乱动的狗狗，再加上不太懂得抱狗狗的技巧的小孩，这两种因素组合在一起是最危险的。一般来说，这种情况都是狗狗不断向上挣扎，直到爬过小孩的肩膀，然后从孩子的背后摔到地上。如果教育孩子不要抱狗，孩子却不听话的话，就可以换个方法——告诉孩子如果一定要抱，就坐着抱狗狗。如果狗狗是从孩子坐下来的高度跌落，狗狗摔骨折的概率就会减小。另外，还要教育孩子，如果抱不动了，就把狗狗放到地上，再重新抱起来。其次狗狗骨折常见的原因还有从楼梯上跌落、在外遭遇交通事故等。关于这些情况之前已经讲过了，这些都需要主人做好安全管理。

☀ 狗狗骨折需要固定得比人类更牢固，但是……

骨折分为两种情况，一种是骨头没有错位，另一种是骨头错位了。如果骨头没有错位，只要用石膏固定好，让狗狗不能随便动伤处，等待骨折处自然愈合即可。固定骨头的方法很多，兽医会根据骨折的情况选择最合适的方法。但是，如果骨头错位了，就必须将错位的骨头矫正到正确的位置上再固定。而骨头周围的肌肉会一直对骨头施加拉力，因此，只是单纯的错位矫正，很多时候还无法让骨头一直保持在正确的位置上。

这时候，就和人的骨折修复手术相同，需要用钢钉、螺钉、钢板等工具来进行固定了。但是这些东西都是由金属制成的，如果体积太小就会承受不住压力而变弯；即使体积比较大，手术后在狗狗运动的时候也可能发生断裂。

人骨折后，只要进行最低程度的固定就可以放心让病患自行静养了；但是狗狗却需要足够牢固的固定方法，保证即使它稍微乱动骨头也不会错位、用来固定的工具也不会被折断。

教育孩子坐着抱狗狗

孩子站着抱狗狗的话，狗狗一乱动就很容易摔下来。让孩子盘腿坐着抱狗狗，可以减小狗狗摔骨折的概率

不过，骨头是非常敏感的，如果固定得太紧，骨头接收不到外部的力学刺激，身体就会误以为自己已经不需要这块骨头了，有时应该愈合的骨头甚至可能会变得像威化饼干一样脆弱。而且，固定骨头用到的钢钉、螺钉、钢板等会严重影响骨折部位的血液循环、延缓骨头的愈合速度。通常越是想要固定得牢固一些，就越是会出现一些事与愿违的恶性循环。有时候在狗狗的骨头慢慢愈合的过程中，固定用的金属制品有可能会因为金属"疲劳"而断裂，不得不再次进行手术。而且这时候骨头已经比以前要脆弱了，上一次手术在骨头上开的洞也还在，再次手术往往很困难。

☀ 最近也出现了新型治疗法

有些宠物医院现在引入了一种新型治疗方法，来应对传统的治疗方法难以治好的骨折。这种方法叫作"创外固定"，是在骨头上垂直打入几根钢钉来矫正骨骼位置，然后将钢钉固定在体外的方法。此外，还有将骨髓移植到骨折部位，为骨头愈合增强动力的方法。但是这些新型固定方法都需要非常熟练的技巧，而且还伴有患处容易化脓以及暴露在体外的固定工具容易被狗狗破坏等风险。大多数情况下的骨折都是可以通过传统的固定方法治好的，但是如果治疗过程不怎么顺利，也可以请兽医推荐对骨外科比较擅长的其他兽医或者在骨科方面更专业的宠物医院。

☀ 并不是什么情况都可以通过手术治好的

人类骨折时，其治疗的目标当然是完全恢复到骨折前的状态，但是动物则只需要恢复到可以舒适生活的状态就可以了。即使骨头有些扭曲，只要硬度足够，狗狗自己不觉得痛苦，那么这样也是完全没有问题的。与其大费周章地切开患部进行固定手术，给狗狗增添负担，还不如让它忍受一点不平衡、走路跛一点，综合看来，这样给狗狗带来的损伤和危险可能反而更小。

另外，如果狗狗出了交通事故等意外，骨折情况比较严重、复杂，在这种情况下要修复骨头是非常困难的。这时候可能只能大致打上钢钉，不进行细致的微调，以期让伤处尽快愈合；或者直接在伤处打上石膏，连钢钉也不打。尤其是高龄犬以及本身就患有其他疾病的狗狗，麻醉对于它们来说是非常危险的，其治愈再生能力也比较差。不要一味想着让狗狗接受手术，而是要想清楚治疗的最终目标是什么，请和兽医详细沟通好。

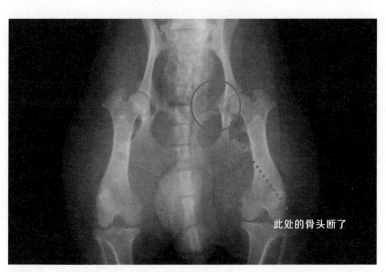

此处的骨头断了

这是一张两岁大的腊肠犬的 X 光片，它的骨盆骨折了。狗狗和人不一样，它们总是不肯老实待着，所以治疗起来很慢，这是治疗犬类骨折的难点

39 定期找熟悉狗狗的兽医给狗狗体检，尽早发现病情

—— 犬类即使1年检查1次也只相当于人类4年检查1次，频率并不算高

宠物和人不一样，它们是无法通过语言来说明自己的病情的，所以一旦它们出现异常，其病情往往不能被及时发现。为了改善这种滞后的情况，主人应该寻找一位值得信赖的兽医，时不时让兽医仔细检查一下狗狗的情况。即使主人平常观察时没发现什么明显的异常，也应该偶尔找兽医这样的专业人士给狗狗检查一下。如果将狗狗送到医院，那么兽医就可以一边帮狗狗清理耳朵、做些简单的身体检查，一边和主人闲聊日常饲养的情况，这样很可能就能提早发现一些主人意想不到的疾病。

如果狗狗年龄还小，也没有什么既往病史，那么主人也就无须太过敏感、惊慌了。但是，在狗狗步入中年或老年后，主人应该每隔一两个月就将狗狗带去医院检查一下。事实上，兽医在接诊病犬时，并不会只针对主人说的异常问题进行治疗，而是会仔细检查，看看会不会还有主人没发现的问题。

但是，在比较忙的时候，兽医可能也顾不上做非常仔细的额外检查。所以如果狗狗没有很明显的不舒服的地方，而只是去医院看些小病的话，最好还是选兽医比较空闲的时间段去。

☀ 狗狗也应该做定期体检

在有条件的情况下，像人每年做体检一样，主人最好也定期带狗狗去做体检。俗话说"犬类的1年相当于人类的7年"，其衰老速度比人类快得多。具体来说，犬类的衰老速度基本上相当于人类的4倍

（参考附录04）。即使1年带它去检查1次，也只相当于人类4年检查1次而已。想象一下，如果一个70岁的老人要到74岁时才做下一次体检，相信大多数人都会觉得间隔太长了。每年带狗狗做一次体检，绝对不算太高的频率。定期体检一般来说就是血液检查以及给躯干部分拍一个X光片，这两项检查当然不可能检查出所有的疾病，但是比什么检查都不做还是强太多了。

狗狗两三岁之后，就要开始做定期体检了，这样可以把狗狗年轻健康时期的身体指标数据记录下来。如果不清楚年轻健康时期的身体各项指标数据，到了狗狗年老、身体出现复杂问题时，如果忽然发现很多异常指标，就很难判断出到底哪项指标对当前病症的影响最大。就像人类有母子健康手册一样，主人也应该给狗狗准备一个手册，将兽医给自己的指标数据都贴上去并保存起来，万一狗狗出现什么问题，回顾起来会很方便。这些数据在搬家或者在狗狗年老后换了兽医时也会非常有用。

狗狗手册上应该记录的事项

- 出生年月日
- 体重变化
- 疫苗接种日期和疫苗品牌
- 身体出现重大问题时，把日期、大致经过、使用过的药物名称、去过的医院名称记录下来
- 如果有什么长期病症，把持续使用的药物名称和用量记录下来
- 健康体检等检查的数据

有很多宠物医院和宠物商店都会免费发放手册，如果没有也可以用普通的小笔记本代替。如果你的狗狗一直都是去同一家医院，上面这些信息都会被记录在病历本里，但是如果转院后或者在外地旅游时突发疾病，这些信息对于不清楚之前病情的兽医来说都是非常有用的信息

为什么要接种疫苗
——混合疫苗并不是种类越多越好

接种疫苗，就是一种将弱化后的病原体，或者病原体碎片注射到动物体内，让动物产生相应抗体的医疗行为。通过接种疫苗来让身体事先生成抗体，那么等到感染真正的病原体时，身体就能马上全力战斗了，这就是免疫系统的作用。

刚出生的狗崽是没有抗体的，其免疫力也很弱。哺乳动物在出生前是通过胎盘来吸收母体营养的，出生后则通过初乳来从母体那里获得抗体，这个过程叫作抗体过渡。犬类基本上都是靠初乳进行抗体过渡的。初乳持续时间短暂，它是母狗在狗崽出生后 1~2 天所分泌的乳汁，刚出生的狗崽就是通过这种乳汁暂时将母狗过渡给自己的抗体保存下来的。初乳带来的抗体的功效基本上只能维持两个月左右，之后抗体就会失效了，然后狗崽就只能自己产生抗体了。在自然界中，很多狗崽就会在这个时间点因为战胜不了病魔而死去。

☀ 在初乳带来的抗体失效时接种疫苗

所以，人类在饲养狗狗时，就应该在这个时间点毫不犹豫地带狗狗去接种疫苗，以帮助它获得对抗病魔的力量。如果太早接种疫苗，初乳带来的抗体就会和疫苗对抗，狗崽自身的免疫能力就不能得到很好的锻炼，所以一般都是在狗崽出生两个月左右（大约 8 周）的时候带它去接种疫苗。但是如果是被母狗抛弃的狗崽或者是因母狗分泌的母乳有问题而没能喝到初乳的狗崽，有时也会提早接种疫苗。

在初次接种疫苗后，应该隔上 1 个月，也就是在狗崽出生大约 12 周的时候再接种第二次疫苗，之后在狗崽出生大约 16 周的时候接种第三次疫苗。这是因为刚开始疫苗是在狗崽免疫力比较低下的时候接种的，如果只接种一次效果不会太好。这种短期内连续接种的方式可以达到更好的效果，这种做法可以带来"助推效果"，或者说是"追加免疫效果"。另外，这也是考虑到从母狗体内过渡而来的抗体可能还留在狗崽体内而采取的接种方法。前 3 次疫苗过后，之后一般就只需要每年接种一次了。

☀ 疫苗真的必须每年接种 1 次吗

前面我们说到疫苗一般应该每年都接种 1 次，但有很多主人都对这种说法持怀疑态度。疫苗在每个个体体内的生效时间是有差异的。效果好的话，有的狗狗 3 年接种 1 次疫苗都没问题，但是也有的狗狗接种了疫苗之后效果并不持久。如果是第二种情况，那就需要每年都接种疫苗了。

狂犬疫苗

必须打

生产狂犬病疫苗的企业不少，但狂犬疫苗都是只针对狂犬病的，效果单一

混合疫苗

非必须

每家企业都有自己的独门技术，混合疫苗的功效不尽相同，但疫苗的效果和安全性是比较难兼顾的

混合疫苗接种流程

过渡抗体	▶ 大约 2 个月 ▶	混合疫苗（第一次接种）	▶ 大约 1 个月 ▶	混合疫苗（第二次接种）	▶ 大约 1 个月 ▶	混合疫苗（第三次接种）

这时肯定会有人想，如果自家的狗狗接种疫苗后效果很好，不就可以延长接种周期了吗？有这种疑问很正常。但是，要知道，判断狗狗体内的疫苗是否还有效，也就是测试抗体是否还存在，也是需要费用的。而且这种测试每隔几个月就要进行一次，将抗体含量变化记录下来，然后等到抗体快要完全消失时再重新进行接种，这样一来反而会非常麻烦。当然，如果主人不带狗狗去做抗体检查，只是一味地随意延长接种周期，那么体内抗体消失、身体不具备足够免疫力的狗狗就会越来越多。

确实有的狗狗会因为疫苗的副作用而生病。若要最大限度地降低疫苗产生副作用的风险，同时最大限度地发挥疫苗的功效，我们只能花费一定的成本，仔细测量狗狗体内的抗体了。而且，很多宠物医院和宠物寄养场所在接收狗狗时，都需要主人提供疫苗接种证明。这些机构是绝对不愿意接受可能携带传染病病原的狗狗的，所以很多机构都不会接收没有疫苗接种证明的狗狗。

☀ 混合疫苗并不是可预防的疾病种类越多越好

犬类的疫苗最早都是效果比较单一的疫苗。现在主流的混合疫苗基本上都是可以预防7~9种疾病的，注射一次混合疫苗就能预防很多疾病。但是可预防的疾病种类越多，引起过敏反应等副作用的概率也会越高（当然现在安全性已经较早期大幅提高了），而且价格也会更高。

疫苗并不是可预防的疾病种类越多越好。选择给狗狗接种的疫苗时，应该根据居住的地区有哪些常见疾病来决定。有的兽医考虑到疫苗的副作用，会特意选择只能预防大概5种疾病的疫苗。

另外，同样都是预防5种疾病，不同的产品的效果也是不同的，效果越好的疫苗也越容易产生副作用。市面上是不会流通会带来致命性副作用的危险疫苗的，所以如果你的狗狗对某种疫苗不过敏，那么一直使用该种疫苗相较而言会更安全。如果参考了和你的狗狗有血缘关系的狗狗的接种疫苗的情况，想要指定某种疫苗，请事先和宠物医院联系，确认一下是否有存货。毕竟常备所有疫苗的宠物医院应该还是比较少的。当然，到底使用哪种疫苗，还是请和熟识的兽医商量后再决定。

混合疫苗明细

1	犬瘟热病毒疫苗	
2	腺病毒 1 型疫苗	
3	腺病毒 2 型疫苗	⋯⋯▶ 5 种
4	副流行性感冒病毒疫苗	
5	细小病毒疫苗	
6	冠状病毒疫苗	⋯⋯▶ 6 种
7	钩端螺旋体症疫苗 ①	⋯⋯▶ 7 种
8	钩端螺旋体症疫苗 ②	⋯⋯▶ 8 种
9	钩端螺旋体症疫苗 ③	⋯⋯▶ 9 种

41 特殊犬种的常见病

——交配范围狭小的犬种需要注意遗传病

纯种犬是人类花费漫长时间对犬类进行品种改良后的人为产物。人类为了让纯种犬稳定表现出自己想要的特征，会让纯种犬不断地近亲繁殖。结果就是不只那些人类想要的特征会稳定遗传下去，一些不好的特征也会因此遗传下去。古代人在培育纯种犬时不会把那些外表存在问题的狗狗作为繁殖对象，但是一些隐藏在体内的遗传病却是古代人发现不了的。现代医学已经发现纯种犬有很多特别的弱点。如今的各犬种都是人类基于特定的目的对犬类进行改良后的品种。犬类不断迎合处于主宰地位的人类的喜好变化，但是很多为迎合人类喜好而形成的特征其实都给犬类的健康带来了问题。

第173页的表格列举了各犬种容易患上的疾病。这里要特别指出：小型腊肠犬、威尔士柯基犬等腰比较长的狗狗容易患椎间盘突出，小型犬容易患脑积水、关节疾病，小型腊肠犬、小型雪纳瑞容易患免疫异常，马耳他犬、查理王小猎犬步入高龄后易患心脏病，法国斗牛犬等短吻犬容易呼吸困难、患皮肤疾病等。

当然，虽然各种纯种犬会有一些容易得的病，但那些病也不是一年到头每天都会发作的。不过，如果想要饲养纯种犬，或者说正在饲养纯种犬，就要做好心理准备，并了解狗狗容易得哪些病。

什么是纯种犬

人气很高的柴犬就是日本自古以来就有的一种纯种犬，柴犬也有容易患上的疾病

纯种犬容易患上的疾病

犬种	易患疾病			
卷毛犬（超小型、小型、中型、标准）	关节病	皮肤病		
吉娃娃		脑积水	关节病	气管塌陷	心脏病
腊肠犬（超小型、小型、标准）	椎间盘突出	免疫异常		
波美拉尼亚犬	关节病	脑积水		
约克夏犬	关节病			
蝶耳犬	关节病			
狮子犬	皮肤病	角膜外伤		
法国斗牛犬	脊椎形成异常	难产		
柴犬	皮肤病			
小型雪纳瑞	免疫异常	关节病	皮肤病	
马耳他犬	心脏病	关节病		
威尔士柯基犬	椎间盘突出			
哈巴狗	皮肤病	角膜外伤	关节病	

* 犬种顺序按日本犬业俱乐部（JAPAN KENNEL CLUB）2008 年发布的"各犬种犬籍登记数"排列

☀ 还要注意血缘关系带来的遗传病

一些特定犬种常会患上某些疾病，这是没有办法的事情，而且发病率也会受到血缘关系的影响。国外一些狗狗主人购买到狗狗后，如果发现狗狗有遗传病，就会建议卖方不要再让带有遗传病基因的成犬继续繁衍后代了。但是日本的狗狗是经过多层经销商才被狗狗主人买到的，很多时候狗狗主人是联系不到供应方的。日本犬业俱乐部最近开始着手改善这一问题，如果顺利，将来因血缘关系而患遗传病的狗狗可能会减少。

另外，如果是直接从自己培育幼犬的卖家手中购买狗狗，可以事先问清楚狗狗的父母、兄弟姐妹有没有得什么病（如果是从宠物店购买可能就很难得到答案了）。也有一部分无良卖家在明知道成犬有遗传病的情况下，还会让其繁殖，这点也需要注意。

杂交犬的血统范围比较广泛，所以有遗传病的狗狗会比较少。如果想要饲养比较皮实的狗狗，就最好选择杂交犬。

☀ 饲养稀有犬种时请向熟悉该犬种的兽医咨询

不同地区的宠物医院接收到的病犬可能会存在很大的差异。住在市中心公寓里的人基本上都会选择饲养小型犬或中型犬，有些人还会选择饲养袖珍犬。离市中心越远，大型犬和杂交犬就越多，而住在小城市的人几乎都会选择饲养杂交犬。

如果是在日本比较少见的犬种，兽医平常也少有机会碰到，这是一个非常现实的问题。所以在饲养稀有犬种前，打听好附近有没有熟悉该犬种的兽医也是非常重要的。

最近人气比较高的犬种

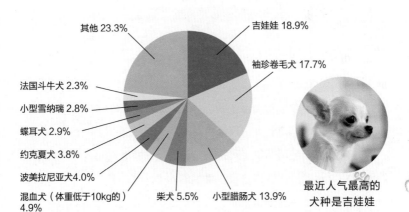

其他 23.3%

吉娃娃 18.9%

袖珍卷毛犬 17.7%

法国斗牛犬 2.3%

小型雪纳瑞 2.8%

蝶耳犬 2.9%

约克夏犬 3.8%

波美拉尼亚犬 4.0%

混血犬（体重低于10kg的）4.9%

柴犬 5.5%

小型腊肠犬 13.9%

最近人气最高的犬种是吉娃娃

排名	品种	数量	比例
1（2）	吉娃娃	12 666	18.9%
2（3）	袖珍卷毛犬	11 911	17.7%
3（1）	小型腊肠犬	9 370	13.9%
4（4）	柴犬	3 721	5.5%
5（-）	混血犬（体重低于 10kg 的）	3 286	4.9%
6（7）	波美拉尼亚犬	2 711	4.0%
7（5）	约克夏犬	2 530	3.8%
8（6）	蝶耳犬	1 935	2.9%
9（8）	小型雪纳瑞	1 899	2.8%
10（9）	法国斗牛犬	1 524	2.3%
11 以下	其他	15 617	23.3%

* 括号内为去年的排名

* 数据样本为在 2008 年 4 月 1 日～ 2008 年 12 月 31 日 加入"动物健康保险"的 67 170 只 0 岁幼犬

出处：ANIKOMU 损害保险 "人气犬种排名 2009" （部分有更改）

科学驯养，保护狗狗心理健康
——主人必须占据支配地位

犬类是群居动物，有野心且体能好的狗狗会压迫其他的狗狗以占据主导地位，而那些气势比较弱的狗狗就会自然而然地在底层接受统治。一般来说，幼犬会在出生后1~2个月左右就会确认好各自在团体中所处的地位，并表现出符合自身地位的态度。

如果在这个时期搞错了对待狗狗的态度，就容易培养出性格有问题的狗狗。对于那些性格老实、温和的处于底层的狗狗，即使主人像对待朋友一样对待它们，一般也不会养成什么恶习。这种类型的狗狗会成为很好的宠物，但其他性格的狗狗就会出现问题。

主人必须把握好与狗狗的关系，这点非常重要。主人必须处于支配地位，尤其是对那些有野心的狗狗，主人必须以强硬的态度与其相处。主人必须时刻占据主导地位，赏罚分明。如果一味溺爱自己的狗狗，就容易让狗狗陷入"过度依赖"或者患上"权势症候群（α综合征）"，这样的狗狗在被严厉教育时，很容易突然变得暴躁，性情往往很不稳定。

①过度依赖

有些狗狗会过度依赖主人，完全无法忍受主人离开自己。这样的狗狗在独自看家时可能会突然性情大变、破坏家里的东西、持续狂吠等。这种狗狗的性格既可能是被主人宠出来的，也可能是天生的。古时候人们都是将狗狗拴在外面用来看家的，但现在已经有越来越多的人开始在室内饲养狗狗了。虽然很多室内饲养的狗狗在白天也是要独自守在屋里的，但是总的来说现在的狗狗和主人相处的方式是更亲密的，所以这种过度依赖的情况也有所增多。

②权势症候群（α 综合征）

权势症候群是指狗狗无法忍受自己不处于所在群体的主导地位的状态。这样的狗狗已经将主人当作是自己的手下了，所以在主人顺毛抚摸它们的时候，它们可能看起来还挺乖的，但如果主人表现出生气的样子，它们就会突然变得暴躁，与主人进行对抗。因为对于狗狗来说，它们会觉得这是主人以下犯上的表现。顺便说明一下，这里的"α"代表的是"第一"。

☀ 如何夸奖、训斥你的狗狗

要让狗狗的情绪保持稳定，就必须学会正确的夸奖、训斥的方法。当狗狗做了正确的事情时，请好好夸奖它。但是要注意的是，不需要用食物去奖励它，对于狗狗来说，只要和它有肌肤接触，它就会感到很幸福了。

惩罚的方法

我再也不敢了！

图中所示的这种可以限制狗狗行动的抱姿可以作为一种教育狗狗的束缚姿势来使用

如果家里饲养的是小型犬，可以用手抓着狗狗脖子旁边的皮然后将它按在地板上，直到狗狗力气变小、放弃抵抗就可以了如果狗狗做了坏事，主人应该当场表现出生气的样子。如果不在抓到现行的时候表现出生气的样子，狗狗就不会明白什么事不可以做。如果事后再生气，狗狗就会不知道你到底为什么生气了。当然，生气也必须是有合理的原因的。另外，对于狗狗的同一种行为，主人的态度也不能够反复变化：不能这次生气了，下次又没生气。

最后，最重要的是要用狗狗能够理解的方式表明自己的态度。当狗狗对你发脾气时，千万不要殴打它，要用和它扭打的方式解决。具体的做法就是模仿狗狗打架时的样子，最终只要将它按在地上，瞪着它的眼睛，低声朝它反复说些警告的话，例如不行、不可以等就可以了。我时常会接到这样的咨询：有的主人一直用一些狗狗不能理解的方式教育它，最后跑来问我自己家的狗狗是不是智商不太够。其实不是狗狗笨，只是教育方式不对而已。

乖乖听话就能得到夸奖，做了坏事就会挨骂，企图挑战主人的权威最后肯定会输……不断重复这种简单易懂的模式，狗狗慢慢就会知道应该怎么做了。狗狗都喜欢公平正派、力量强大的头领，殴打、踢踹这些行为都是自然界不存在的教育方式，所以不要这样对待狗狗。面对这种错误的教育方式，狗狗可能只会觉得你好像在乱发脾气，不会觉得你是在教育它。

受过虐待或者体罚式惩罚的狗狗，在看到兽医伸手要触碰自己时，就会非常恐惧地颤抖。这样的狗狗很可能是被人用拳头或棒子殴打过的，稍有不慎它可能就会咬上兽医要靠近自己的手。每当看到这样的狗狗，我都会感到很难过。

☀ 要让狗狗记住不能在家里做的事情时，需要采用"即刻惩罚"手段

我们除了要教育狗狗不能反抗自己以外，还要教育它"不许偷吃

东西""不许进哪些地方"等。如果要让狗狗记住这些不能在家里做的事情，那么惩罚就不能由主人来实施了，因为这样会让狗狗误以为只要主人不在就可以做那些事。对于这种情况可以在桌子边缘、厨房入口处等地方做些小机关，比如贴上双面胶等，狗狗一旦接触到这些地方，就会觉得脚上黏黏糊糊的，从而受到惊吓。只要诱导狗狗认为不管主人在家还是不在家，做了这些事就会受到"即刻惩罚"，就能保证自己不在家或者没注意看狗狗的时候，它也能乖乖听话。

"即刻惩罚"手段

只要让狗狗认识到，无论主人在还是不在，进入那些地方就会感到很不舒服，那么它迟早会学会不进入那些地方。比如，可以在厨房入口处贴上双面胶，这样狗狗一踏上去就会觉得脚上很黏，从而受到惊吓

43 需要注意的人畜共患传染病

——直接触摸过狗狗后请一定要洗手

人畜共患传染病是指人类和动物都可能感染的疾病。现在可能很多人看到"畜"字会觉得指的只是生产用动物，为了避免这样的误解，很多地方也会用"人兽共患传染病"这种说法来表明这个概念是包括家庭宠物在内的。人畜共患传染病是由病毒、细菌、真菌、寄生虫等引起的，虽然也有诸如狂犬病这种一旦发病百分百会死亡的可怕疾病，但大多数人畜共患传染病还是可以在医院治好的。不过，还是要注意不要让抵抗力比较弱的老人和小孩不小心受伤。

感染的方式有很多种。比如，被狗狗咬伤后的"外伤感染"；突破健康皮肤屏障的"接触感染"；因不小心吃了被污染的食物，或者用脏手吃东西、抽烟等而导致的"经口感染"；吸入空气中飘浮的病原体的"空气感染"；由蚊子、蜱螨等引起的"媒介感染"等。

☀ 最大的问题在于外伤感染和经口感染

外伤感染是因被动物咬伤或抓伤而引起的感染，动物的口腔里和爪子上都存在各种杂菌，哪怕伤口很小也千万不能大意。室外饲养的狗狗自不必说，即使是在室内饲养的狗狗，也不能排除遛狗的时候狗狗没有感染上什么疾病，所以无论是室内饲养还是室外饲养，狗狗身上的细菌含量都可以被当作是同样多的。犬类带来的外伤感染中，最著名的就是狂犬病了。狂犬病现在在日本已经完全不存在了，但世界上也还是有存在狂犬病的国家的。日本偶尔也会发生出国旅游的人不幸在国外感染了狂犬病，回国后发病死亡的事情。所以出国前请在相关的网站上查阅一下目的地是否存在狂犬病吧。

除了狂犬病这种致死性的疾病以外,宠物也可能传染给主人一些例如猫抓病的小病(狗狗也可能传染猫抓病)。很多人畜共患传染病的初期症状都是伤口疼痛、发炎,淋巴结肿大,发烧等,不会有什么特别的症状。所以如果发现自己的伤口好像不太对劲,请马上去医院(当然是给人看病的医院)检查一下。

经口感染一般是因为摸过狗狗或者处理过狗狗的粪便之后没有洗手,或直接用嘴喂狗狗吃东西。由于病原体是肉眼不可见的,所以很容易被忽略,平常一定要注意仔细洗手,不要用嘴喂狗狗吃东西。

大部分人畜共患传染病只要多加注意都是可以预防的。如果不慎感染了人畜共患传染病,只要采取正确的治疗措施也能够控制病情。但是也有像棘球蚴病、Q 热这样的传染病,在狗狗身上没事,传染到人身上却会很严重。当你因人畜共患传染病而就医时,不要忘记将自己养的宠物的信息也告诉医生,以帮助医生进行判断。

最后讲几种我们在工作中经常会讨论到的人畜共患传染病吧。

狂犬病是什么

照片上是一只感染了狂犬病病毒并发病了的狗狗。狂犬病一旦发病,无论是狗狗还是人都只能等死,这是一种非常可怕的恶性疾病

摄影协助:CDC

181

·钩端螺旋体病

大部分哺乳动物感染了钩端螺旋体病后，细菌都会停留在肾脏内，然后通过尿液排出。因此，狗狗可能会因为闻了电线杆上其他病犬的尿液，或者在外面喝了不干净的水而感染钩端螺旋体病。虽然这种病也有疫苗，但由于这种病的类型太多，疫苗无法预防所有类型的钩端螺旋体病。因此，主人平常要注意看好狗狗，不要让它在外面喝不干净的水。

·犬布氏杆菌病

犬布氏杆菌会感染狗、猪、羊、牛等动物。雌性动物感染后会不孕、流产、出现死胎，而雄性动物感染后其睾丸则会发炎。虽然很少听说有人感染上犬布氏杆菌，但这种病菌可以通过唾液、尿液、血液、精液等传播。虽然可以通过抗生素来治疗这种病，但有时会出现没有彻底痊愈而再度发病的情况。近年来不时出现在繁殖幼犬和出租宠物等相关商业组织机构中爆发此病的案例，尤其是在环境恶劣的大量繁殖幼犬的地方出现大批量感染，这些案例都会造成很严重的问题。曾经还出现过在破产商业组织机构中的犬舍处发现犬布氏杆菌检查结果呈阳性的狗狗后，针对如何处理病犬一事，行政方面和民间团体发生争执的情况。虽然只要管理好狗狗应该就不会感染上这种疾病，但也有一些狗狗可能体内藏有病原体却暂时没表现出症状。如果担心狗狗，可以带它去宠物医院验血。如果自己的狗狗是从爆发过此病的商业组织机构处购买的，还是好好检查一下比较好。

·蛔虫、绦虫

狗狗在嗅其他狗狗的粪便时，如果嘴巴不小心碰到粪便，就有可能感染上蛔虫。而在狗狗吃下跳蚤并咬碎后，绦虫幼虫就有可能进入其体内。蛔虫、绦虫既可以感染狗狗，也可以感染人。所以要注意不要让狗狗接近脏的地方；跳蚤也不要用手捏死，可以用透明胶将其粘起来等。成年的蛔虫偶尔会混在粪便中被排出来；而绦虫幼虫也有可能随粪便排出，其形似白兰瓜种子，注意不要将其忽略了。

·跳蚤、蜱螨

现在大家的卫生条件已经改善了很多，已经很少有人会被跳蚤、蜱螨叮咬了。但是如果没注意到自家的狗狗身上有跳蚤、蜱螨，这些寄生虫则有可能经动物传染到人身上。有的人就是前期没注意到狗狗身上有跳蚤、蜱螨的情况，等到家里人被叮咬后才慌慌张张地来医院看病。平常要注意给狗狗使用驱虫药，预防跳蚤、蜱螨等寄生虫。

通过狗狗传播的人畜共患传染病

病名	主要感染渠道
对人类来说危险程度高	
棘球蚴病	经口感染
狂犬病	外伤感染
Q 热	经口感染
钩端螺旋体病	经口感染
注意即可	
犬布氏杆菌病	经口感染
丝虫病	媒介感染（蚊虫吸血）
耶尔森氏菌属感染性疾病	经口感染
弯曲杆菌属感染性疾病	经口感染
猫抓病	外伤感染
巴斯德氏菌病	外伤感染
犬咬二氧化碳嗜纤维菌感染性疾病	外伤感染
莱姆病	媒介感染（蜱螨吸血）
巴贝虫病	媒介感染（蜱螨吸血）
皮肤癣菌病	接触感染（抵抗力低下时）
猫狗蛔虫病	经口感染
跳蚤、蜱螨	外部寄生虫

参考：环境省《关于人畜共患传染病的指南》

除此以外，还有沙门氏菌等不只会出现在犬类身上，还会导致人类食物中毒的细菌

狗狗去世怎么办

　　我每天在医院坐诊时都会有一个真切的感受，那就是现在选择室内饲养宠物的人越来越多了，越来越多的人将宠物当作家庭成员。但是，宠物既然是生物，就会有生老病死。越是将宠物当作家庭成员，等到宠物死去时受到的打击就会越大；在宠物生前付出的感情越多，失去宠物后主人受到的精神打击就会越大，这种现象叫作"丧失宠物症候群（Pet Loss）"。在大多数情况下，这种伤痛都是可以通过时间化解的，但在化解之前主人的身心无疑会受到巨大的伤害。为了多少缓解一些丧失狗狗时的痛苦，可以尝试一下下面这些做法或者想法，哪怕只能起到一点点缓解作用也是好的。

多养几只宠物

从现实角度来看，失去仅有的 1 只宠物和失去 3 只宠物中的 1 只，所带来的精神打击肯定是前者更大。

不留遗憾

知道宠物死期将近的情况自不必说，其实主人平常也应该做好随时可能失去宠物的心理准备。有的时候离别可能是突然到来的。

向亲朋好友敞开心扉倾诉

有时候人只要找自己信赖的人倾诉一番就能恢复平静。敞开心扉倾诉就好，不一定需要对方给出什么回应。

专心工作

失去宠物后一定不要让自己的整个生活都停摆。一旦什么都不做，就会一直处于负面情绪之中。

尽早饲养下一只宠物

可能有的人会觉得这样做是对上一只宠物的背叛，但是重新和新的小生命一起生活，可以治愈受伤的内心。

　　那些生前被主人的爱意包围的狗狗，是不可能希望自己死后主人一直沉浸在悲伤和痛苦中的。从悲伤中振作起来，是你能为死去的狗狗做的最后一件事。

第 **5** 章

与高龄犬一起幸福
生活的智慧

44 高龄犬的衰老①关节、骨头、肌肉
——尽量让狗狗多散步，延缓肌肉的衰老

犬类的衰老会先从关节、骨头、肌肉上开始显现。两段骨头连接在一起组成了关节，连接处被关节腔包围，其中充斥着黏滑的"滑液"。两段骨头相连接的一面还会长有橡胶状的软骨，也就是关节软骨，这样的构造可以支撑犬类进行激烈运动。

然而，随着年龄的增大，这些润滑装置会逐渐老化。具体症状可能有组成关节的各个部位渐渐丧失弹力；骨头与骨头开始直接相互摩擦；韧带弹性变差并受到损伤；内壁，也就是"滑膜"开始发炎；关节错位等。结果会导致高龄犬的动作渐渐变得僵硬，在站起来或者上下楼梯时，可能会护着自己感到疼痛的关节。

另外，肌肉也会起到支撑关节的作用，肌肉萎缩了之后就会支撑不住关节，因此，关节承受的负担也就更大了。以下是高龄犬身上常见的一些伤病。

·变形性骨关节炎、变形性脊椎病

关节问题会逐步发展为变形性骨关节炎、变形性脊椎病。狗狗的骨头可能会发生外突，这就会导致动作不顺畅，如果是四肢的关节出现问题，那狗狗在行动时就会护着有问题的关节。长此以往，正常的腿由于过度使用，也会开始疼痛，情况严重时甚至可能会发展到完全无法走路的地步。肥胖的狗狗尤其要注意这个问题。如果问题出在脊椎骨上，持续性的腰痛、脊髓神经痛则可能让狗狗的后腿麻痹。

·韧带断裂、脱臼

高龄犬的韧带弹性也会开始变差，再加上四周的肌肉也开始萎

缩，就很容易出现韧带断裂、脱臼等问题。韧带断裂和脱臼很容易被当作是比较严重的扭伤，但如果仔细触诊并检查关节，则有可能发现其实关节已经发生了错位。以前不至于导致狗狗受伤的一些冲击，不代表在狗狗年纪大了之后也不会导致其受伤，高龄犬是很容易发生韧带断裂和脱臼的。

·骨质疏松

人类会得骨质疏松症，犬类也一样。随着年龄的增长，犬类骨头中的有机物也会开始减少，骨头因此逐渐失去弹性。如果得了骨质疏松症，骨头的重量就会变轻，整体变得更加脆弱，这样的骨头也就更容易因承受不住冲击而骨折。

为什么年老后关节会出现问题

关节的结构

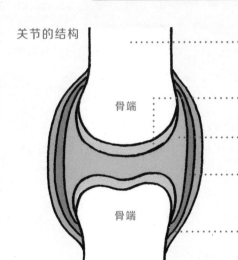

骨头　随着骨头密度变低，骨头的强度也会下降。形成骨刺后还会引起疼痛

关节软骨　缓冲垫。会逐渐磨损、变形

关节腔　充斥着黏滑的滑液。滑液的量会随着年龄增长而减少

滑膜　长在关节内侧的薄膜，覆盖着整个关节内侧。滑膜出现炎症后会肿大变软，滑液的分泌量会减少

韧带　牢牢固定着关节。随着年龄增长，其弹性会变差

随着年龄的增长，组成关节的各个部件都会渐渐老化，结果就会导致骨头之间相互摩擦，关节出现损伤和炎症，进而失去原有的功能

· 风湿性关节炎

风湿性关节炎不同于普通的关节炎，它是免疫系统因发生异常而攻击关节所导致的一种疾病。风湿性关节炎乍一看好像只是比较严重的关节炎，但当病情严重时，甚至可能出现关节周围的整个骨组织被侵蚀，整个关节结构都遭到破坏的情况。

☀ 预防关节、骨头、肌肉衰老的方法

肌肉如果不使用就会渐渐萎缩。前面已经讲过，肌肉萎缩后就无法支撑住关节，关节要承受的负担就更大了，所以我们应该趁着狗狗还有精神的时候尽量让它运动、平常多靠自己行走，以此来保持肌肉的力度。遛狗的时候不要只走平坦的马路，可以选择有一定起伏的地方（比如比较平缓的楼梯等），或者有一点障碍物的土路。如果让狗狗绕着公园的车挡 Z 字形散散步，就能让它用到平常不怎么用的肌肉。还可以让狗狗钻到狭窄的地方然后让狗狗倒退着走，这样就可以刺激到平常无法刺激到的肌肉。但是在这种情况下如果狗狗硬要将自己扭成 U 字形，可能反而会导致它的脊椎骨疼痛，请多加注意。

遛狗时不需要让狗狗走太远，或太激烈地跑动。让高龄犬保持和年轻时一样的运动强度和运动量，反而会给它的骨头和关节造成很大的负担，只会起到反作用。采用富于变化的散步方式，就能刺激到狗狗全身各处的肌肉了。当然，如果狗狗已经得了关节病，就不要强迫它运动了。

☀ 当狗狗已经老到走不动路了怎么办

即使高龄犬的后肢功能已经开始退化，乍一看好像已经无法行走了，但如果给它用上辅助行走的工具，有时候说不定也能使它恢复部分行走功能。行走辅助工具是一条带子，主人可以用它来提起狗狗的

下半身，以人力帮狗狗承担部分重量来让它行走。只要主人不放弃，狗狗就能凭借自己的能力行走，请尽量帮助狗狗维持自主行走的生活。不过，主人的力气也是有限的，这种方法最多只能适用到中型犬。

如果狗狗有关节痛，可以给它用一些消炎药和葡糖胺等帮助关节变得润滑的营养辅助品，多少能够起到一些作用。天气寒冷时，用一些能够保持患部温暖的东西也很有效。比如可以在密封袋里灌一些洗澡用的热水做成热水袋，然后将热水袋放在狗狗的膝盖上帮它保暖。一边帮它温暖膝盖，一边握着它的四肢做伸展弯曲运动，给它的肌肉和骨头施加刺激，延缓狗狗肌肉萎缩的速度。另外，那些一次性的暖宝宝很容易造成低温烫伤，或被狗狗误食，危险性较高，所以请尽量避免使用。

如何缓解关节疼痛

在密封袋里灌一些洗澡用的热水做成热水袋，然后将其热敷患部可以达到很好的效果，而且也不需要花很多钱

45 高龄犬的衰老②内脏

——带狗狗做定期体检，使用优质狗粮

随着狗狗年龄的增长，在我们看不见的地方，狗狗的内脏也会发生老化。下面让我们来看看当主要脏器老化后，狗狗的身体会发生怎样的变化吧。

·心脏老化后会怎么样

高龄犬的心脏经常会发出杂音，这是因为心脏瓣膜的开闭功能发生了故障，血液循环的能力变弱了。当狗狗因为运动或兴奋而心跳加快时，就会出现头晕、脱力等症状，即使一直老老实实待着也有可能出现呼吸困难的情况。狗狗还可能出现腹中积水，腹部隆起的情况。

·肝脏老化后会怎么样

肝脏是一个比较行有余力的脏器，其老化本身并不会引起什么问题。但是肝脏老化后，机体对药物的分解能力就会变差，所以给肝脏老化的狗狗用药时，就必须要非常慎重地考虑药物用量。另外，肝脏老化后机体合成蛋白质的能力也会变差。若狗狗患上低蛋白血症，其身体就会浮肿。

·肾脏老化后会怎么样

长寿的狗狗可能会患上老年肾功能衰竭的疾病，会变得多饮多尿，但发病的进程往往比较缓慢，主人很难察觉到。已经丧失的肾功能是无法恢复的，只能通过食物和药物来维持剩下的功能。肾脏老化后，还可能破坏电解质平衡，极少数情况下狗狗还会出现贫血的情况。尿检是用来检查肾脏情况的很方便、准确的检查方式，最好偶尔带狗

狗做一下尿检。

·胃老化后会怎么样

　　胃老化后，狗狗就会很难消化掉比较硬的狗粮和宠物口香糖了。如果狗狗总是吐出一些没消化的食物，就请给它喂些易消化的食物吧。另外，有些狗狗年轻的时候可以一口气吃很多东西，但胃老化后就做不到了，这时候就请把食物分成多份进行多次投喂。

·小肠、大肠老化后会怎么样

　　小肠、大肠老化后，消化、吸收能力整体都会变差，所以和胃老化后一样，如果不给狗狗喂食一些容易消化的食物，狗狗就很容易发生腹泻。小肠产生的消化酶减少、大肠的蠕动功能变差后，即使体检过程中没有发现什么明显的异常，狗狗也可能会不定期地反复便秘、腹泻。

内脏不断老化

老了就是这样啊……

年轻时消化能力都会比较强，年老时消化能力变弱后，胃口就会变差，只能吃些容易消化的食物，否则，狗狗就很容易腹泻

☀ 内脏的老化的应对方法

首先，带狗狗进行定期体检非常重要。在老化的初期，即使做了体检可能也查不出什么明显的异常。本来所有的脏器就都是行有余力的，功能稍有退化也不会表现得特别明显。使用血液检查、超声波检查、X光检查等大多数检查的结果都是如此。老化引起的问题需要经过数次检查，且看到检查结果逐步变差才能够被发现。

其次，给狗狗喂食优质狗粮非常重要。一般来说，狗狗开始衰老后，只要将之前喂食的狗粮换成同一品种的"高龄犬版"就可以了。当然，不需要给狗狗喂零食，不过也不要突然将狗粮全部换掉。之前我也看到过几个一口气给狗狗换了高龄犬版狗粮后，狗狗一下子老得更快了，然后换回成犬用的狗粮后反而又恢复了精神的例子。具体什么时候更换狗粮最合适，每只狗狗的情况都不一样，所以不要一到了年龄就突然将狗粮都换掉。另外，如果经过检查发现狗狗有明显衰弱的脏器（比如心脏衰弱、肝脏衰弱等），可以在向兽医咨询后，换成专门应对相应情况的处方粮，给狗狗喂食合适的狗粮。

那么，营养辅助食品要怎么选择呢？

宠物商店的货架上摆着琳琅满目的号称针对各种问题的营养辅助食品，但是有一些食品的效果和品质都是值得怀疑的。对人类来说也是如此，营养辅助食品归根结底只是辅助的东西，从重要度来讲，还是选择最适合狗狗的狗粮才是最要紧的。如果你不是很懂这些，最好在喂食之前，先将想要使用的营养辅助食品的资料给狗狗的兽医看一下，并向兽医咨询清楚。

通过 X 光片能够看出的衰老问题

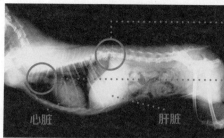

此处可以看出脊椎老化，柔软性变差

年老后气管会变弯，功能变差

上面的图片是 10 岁大的波美拉尼亚犬的 X 光片。可以看到心脏和肝脏也变得有点肥大了。下面的图片是 2 岁大的腊肠犬的 X 光片，看不出有什么异常问题

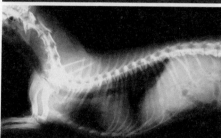

高龄犬版狗粮

市面上有提供给 10 岁以上的高龄犬食用的狗粮。照片上的是 "SCIENCE DIET SENIOR PLUS 小粒" 狗粮。

摄影协助：Hill's-Colgate（JAPAN）Ltd.

46 高龄犬的衰老③痴呆症

——主人一旦放弃，狗狗的痴呆症就会发展得更快

犬类和人类一样，也会得痴呆症。就我的经验来看，狗狗（和猫相比）还是比较容易患上棘手的痴呆症的。痴呆症的症状有很多种，下面我会介绍一些常见的症状和应对方法。在大多数情况下，痴呆症都会伴有运动器官衰竭的症状，有时狗狗可能会卧床不起，而卧床不起的应对方法请参考第 198 页。

☀ 痴呆症的症状①——夜里吠叫

患上痴呆症后，狗狗会难以区分白天和夜晚，有时会觉得自己只是小憩了一会儿，然后就会变得异常兴奋、开始吼叫，这种情况可能会反复持续很久。如果狗狗是在室外饲养的，就会影响邻居休息，时间长了就会遭到投诉，所以这种情况并不是说主人自己忍耐一下就可以了。在大多数情况下，病情只会越来越严重，刚开始可能还可以忍耐一下，但总有一天会发展到忍无可忍的地步。即使是在室内饲养，给邻居带来的影响可能也远超过主人的想象，所以出现这种情况时还是尽早找宠物医院咨询一下比较好。

·主要的应对方法

前面我说要"尽早找宠物医院咨询"，可以通过精神安定剂和安眠药等药物来控制狗狗的行动。这些作用于大脑的精神安定剂和安眠药，对于病情越严重，也就是越无法正常思考的高龄犬来说，其作用和安全就越难得到保障。对于痴呆症特别严重的狗狗来说，即使给它服用了正常剂量的药物，可能也起不到任何作用，或者狗狗也可能干

脆就卧床不起了。

另外，精神安定剂和安眠药都要根据狗狗的情况挑选出合适的药物种类，用量也需要有所调整，所以要做出处方是需要一定时间的。如果情况紧急主人才将狗狗送过来，要求今晚就让狗狗安静下来，那兽医就只能开出稍大一点的剂量了。所以推荐大家还是尽早治疗，留一些余地。另外，用精神安定剂来控制狗狗的行为，可能也会导致狗狗的痴呆速度加快，这点还请考虑清楚。

痴呆后狗狗不停徘徊怎么办

铺上尿垫等

徘徊……

在外围围上一些浴室里用的地垫等做缓冲

可以将浴室里用的地垫或者海绵垫等拼接起来并围成一个圈（不需要特别圆，只要可以防止狗狗撞伤即可），当然，也可以买专用的防撞围栏。圈内铺满尿垫，让狗狗可以在圈内的任何地方大小便

☀ 痴呆症的症状②——徘徊症

经常容易与夜里吠叫症状一起出现的是"徘徊症"，狗狗会像梦游患者似的在半夜徘徊。如果只是走来走去倒还好，但在这个状态下狗狗的反应很迟钝，如果不小心撞到什么东西，就会很容易撞伤鼻头等部位，而且还会随地大小便。

· 主要的应对方法

如果狗狗只是沉默地徘徊，就尽量不要给它使用药物，圈定它的活动范围就可以了。为了避免狗狗撞伤，可以将浴室里用的地垫或者海绵垫等拼接起来，围成一个圈来圈定它的活动范围。圈内要铺满尿垫，让狗狗可以在圈内的任何地方大小便。不过如果狗狗撞坏围栏，或者开始吼叫、病情变严重了，就必须要进行药物治疗了。

☀ 痴呆症的症状③
——无力、反应迟钝、忘记主人等

如果和自己从小养到大的狗狗说话，对方却毫无反应，主人一定会觉得非常寂寞。但在这种情况下，对狗狗置之不理是最差的做法。不只是狗狗，很多动物一旦失去外界的刺激，大脑就会失去活力，痴呆速度会加快。

· 主要的应对方法

即使狗狗没有反应，也不要对它置之不理，请经常和它说话，抚摸它，持续刺激狗狗的内心。也可以将狗狗放到婴儿车上，带它出去散散步，尽量维持能够让它保持活力的生活状态。另外，和人类一样，犬类的痴呆症也会时重时轻。当狗狗状态好的时候，请千万不要错过时机，抓紧机会陪它玩耍一会儿。

另外，如果是本来就比较具有攻击性的狗狗，在认不出主人后，有时会将主人当作入侵者并袭击主人。这种情况可能会威胁到主人的安全，这时就需要考虑药物治疗了。

痴呆症其实是代表狗狗已经足够长寿的一种"勋章"。为了让它安安稳稳地度过最后这段时光，主人应该尽最大能力给狗狗提供关怀和帮助。

即使狗狗反应迟钝，也带它出去散散步吧

如果每天在家待着不出门，狗狗的四肢和腰部力量都会越发衰弱，请经常带它出去散散步，活动范围不要过大就好。也可以将狗狗放到婴儿车上，带它出去转转

47 狗狗卧床不起应该如何护理

——和人类一样，褥疮护理十分重要

高龄犬早晚有一天会因为骨骼、肌肉衰弱，或者治不好的腰椎间盘突出而再也无法行走。即使前面讲到的那些方法都一一照做了，但狗狗毕竟也是动物，就总会有卧床不起的那一天。这一节将讲解如何和卧床不起的狗狗共同生活。即使狗狗站不起来，只要身体还能动弹，就算是爬也会想要移动身体。如果家里卧床不起的狗狗总是试图爬走，可以给它围一个限制活动范围的圈，如果狗狗比较老实、不怎么动，就不需要这样做。另外，在狗窝旁边要放上饮用水和吸水的尿垫，方便狗狗饮水、排泄。

☀ 要对付褥疮就必须铺床垫

当狗狗的肌肉力量进一步衰弱，连翻身都做不到时，狗狗就很容易得褥疮了。要防止褥疮，最基本的方法就是铺上一层能够支撑狗狗体重的足够厚的床垫。低回弹橡胶床垫可以根据身体的形状来提供支撑、分散压力。狗狗的床垫可以买宠物专用的产品，也可以将装满纸屑的垃圾袋做成坐垫形状来使用。

如果将狗狗直接放到床垫上，狗狗大小便时就会弄脏床垫，所以要在上面套一层大垃圾袋，然后再铺上一张宠物用的吸水尿垫，最后在最上面铺一层浴巾、毛巾被或床单就可以了。之后只要将弄脏了的浴巾、毛巾被或者床单取下替换即可。如果狗狗的尿量太多，可以在它的腰下铺上吸水尿垫。便宜的尿垫往往比较薄，可能会出现吸收不完反而沾湿狗狗毛发的情况，请选择吸水性能好的产品。

❀ 怎么护理卧床不起、几乎无法动弹的狗狗

如果狗狗几乎无法动弹了，就算用性能再好的床垫狗狗也是一定会生褥疮的。可能的话，最好每隔30分钟帮狗狗翻个身，如果做不到，2小时翻一次也行。消瘦的高龄犬的侧脸、肩胛骨、肘部、腰骨、膝盖、脚踝等部位都是最容易承受压力的地方，照顾狗狗的时候可以好好观察一下。如果上述部位出现发红的症状，请马上找兽医咨询。

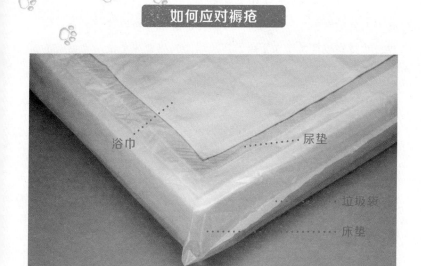

如何应对褥疮

浴巾

尿垫

垃圾袋

床垫

在床垫（最好是低回弹型的）上套上一个大垃圾袋，再在上面铺上一层吸水尿垫，然后在最上面再铺上一层浴巾即可

一般来说，只要将直径为10cm左右的圆形海绵垫垫在褥疮部位下方，将褥疮部位所受的压力分散到四周，就可以帮助治疗伤口了。具体怎么做需要视具体情况而定，所以请将狗狗的详细情况告诉兽医，向兽医请教具体的做法。另外，卧床不起也会导致狗狗反应迟钝，所以出现这种情况时，主人要尽可能多地和狗狗说话，多抚摸它。

☀ 不推荐给卧床不起的狗狗穿尿不湿

狗狗用横躺的姿势排尿时，尿液无法到达吸水层，会直接沿着身体向低处流去。尿液不仅会从尿不湿中渗出来，其内部也会因为吸收尿液而长时间保持潮湿的状态，直到主人过来替换。虽说主人只要认真检查，经常替换尿不湿就可以了，但是尿不湿会遮挡视线，使主人很难看清里面的情况，等到主人发现难免就晚了。迄今为止我已经看到过很多个由于给卧床不起的狗狗穿尿不湿，狗狗患上细菌性膀胱炎，并且伴有下腹部出现湿疹症状的例子了。尿不湿只对能够站立行走但有失禁情况的狗狗有用。

☀ 如何给卧床不起的狗狗喂食

卧床不起的狗狗要自己吃饭是很困难的，这时候就需要主人将食物喂到狗狗嘴边了。记录好狗狗在卧床不起前的饭量和饮水量，按照这个量来喂食就可以了。卧床不起的狗狗有时候喝水会容易呛到。如果狗狗饮水困难，可以将水和狗粮一起用搅拌机打成糊状，再用注射器将糊状的狗粮注射到狗狗嘴里。强行灌食容易使食物呛到气管里，这样会很危险，可以尝试从狗狗的口腔侧面少量多次注射，或一点一点地注射到狗狗的舌头上等方式帮助它吞咽，请认真找一个能让狗狗顺利吞咽的喂食方式吧。最重要的还是要让狗狗自愿咽下去，如果狗狗不想吃却硬要喂，就很容易发生危险。还有的狗狗看起来是很顺从地在吞咽，其实食物却已经呛到气管里了，所以哪怕狗狗当时没有立马咳嗽，喂食完之后也要仔细观察一下它的呼吸情况。

想要达到理想的护理效果，就必须付出百般努力，但实际上能够做到完美护理的家庭实在是太少了。但是，这是陪伴了你和你的家人多年的狗狗最后的时光了，请给狗狗一个舒适的环境，尽可能让它快乐地度过这段时光吧。早晚有一天我们自己也会变成需要接受他人护理的那个人，请设身处地地想一想自己希望得到怎样的护理，尽最大可能照顾好自己的狗狗吧。

如何给卧床不起的狗狗喂食

如果狗狗已经虚弱到没办法自己进食了，可以将湿润的狗粮放到搅拌机里打成糊，然后用注射器给狗狗喂食。只要将狗粮糊注射到狗狗的舌头上方，它就能够吞咽下去了，等狗狗吞咽完一口，再给它注射下一口。喂食用的注射器可以在宠物商店等地方购买到

高龄犬的牙齿问题

——最好的治疗就是预防

48

　　动物是不吃甜食的，唾液的成分也和人类的不同，所以动物是不会长所谓的虫牙的，但是"牙结石"却是一大问题。牙结石是残留在牙齿表面的牙垢（牙垢也是细菌的温床）混合了唾液中的钙成分，发生石灰沉淀反应后形成的东西。最开始只是在牙齿表面会出现一些像茶垢一样的沉淀物，但随着这种沉淀物不断地叠加变厚，牙结石就会侵入牙齿与牙龈的交界处，也就是龈沟，并压迫牙龈，从而导致牙龈萎缩。

　　如果置之不理，支撑牙齿的"地基"就会出现严重的炎症，出现"齿槽脓漏"。虽然牙齿干脆直接脱落了就没问题了，但大多数情况都是牙齿摇摇晃晃但不脱落。这种情况持续久了，牙龈就会不停地化脓从而导致狗狗一直疼痛；如果细菌侵入更深的地方，甚至可能会破坏颌骨。

☀ 要想牙齿健康，最好的治疗方法就是预防

　　要保护牙齿健康，预防才是重点。要预防牙结石沉积，最基本的方法就是刷牙。给狗狗刷牙时，可以用婴幼儿用的小牙刷，或者宠物用的牙刷，不过大部分狗狗都不会喜欢别人给自己刷牙，刚开始的时候可以直接将手伸进狗狗嘴里，摸摸它的牙齿，先让它习惯一下。用指腹触碰狗狗的牙齿表面，逐渐让狗狗习惯，直到随便怎么摸狗狗的牙齿它都不会反抗就可以了。

　　然后可以去买些便宜的白布手套，将手套打湿之后，就像之前直

图解齿槽脓漏

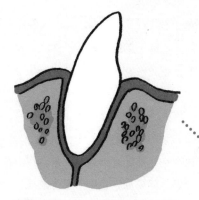

这是正常的牙齿，牙齿与牙龈之间没有空隙

牙结石

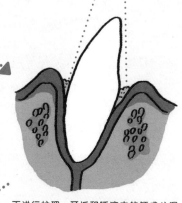

不进行护理，牙垢和唾液中的钙成分混合就会形成牙结石。牙结石侵入牙齿与牙龈的交界处，也就是龈沟部位

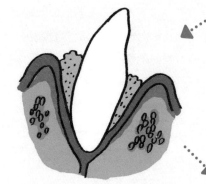

牙结石不断累积，就会导致固定牙齿的牙龈不断萎缩。有时还会导致良性肿瘤

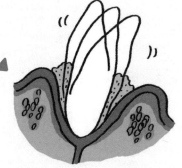

最后牙齿会摇晃不稳，直到脱落。严重时甚至可能连下颌骨都会产生疼痛

接用手的时候一样，隔着手套摸狗狗的牙齿。针对大型犬，主人也可以用劳保手套。只是这样做就已经有一定的清洁效果了，等到狗狗也习惯这一步了，就可以用牙刷帮它清洁牙结石了。市面上是有狗狗用的牙膏的，但是如果狗狗不愿意用，或者用了之后会闹肚子，就不要使用了。一般来说，给狗狗刷牙是不需要牙膏的。当然，最好是从小就帮狗狗培养刷牙的习惯。

☀ 清洁咬胶和清洁零食可以作为辅助工具

这种辅助方法主要针对无论如何都不愿意刷牙的狗狗，具有代表性的辅助工具有清洁咬胶和清洁零食等，但是狗狗也不一定会咬或者吃这些东西。就算狗狗用了这些东西，也不一定会清洁到需要清洁的地方，可能会完全没有效果。如果尝试一下这类东西发现没用，可以多换一些品种。清洁零食只适用于喜欢将食物咬成小块再吃的狗狗，因为一些性格比较急躁的狗狗吃东西时并不会好好嚼，可能直接就咽下去了。市面上还可以买到针对牙结石的很硬、很干的处方粮，这种处方粮的原理是希望通过狗狗嚼碎坚硬的狗粮时产生的冲击力震碎牙结石，但是犬类本来就是喜欢直接吞咽食物的动物，所以对这种狗粮的效果也不能抱有太大期待。

另外，狗狗的牙齿不需要很白很亮。有的主人给狗狗刷牙刷得太过，反而会伤到狗狗的牙龈。注意给狗狗刷牙也要适度。

☀ 牙结石已经钙化了要怎么办?

对于那些沉积了大量钙化的牙结石的高龄犬来说，只能在宠物医院全身麻醉后用超声波帮它清洗掉牙结石了。不过，这种超声波只能清洁掉牙齿上半部分的附着在光滑的牙釉质表面的牙结石，由于齿根处的表面不光滑，所以是没办法清洁掉这个部位的牙结石的。而且，在齿根处已经形成的牙周袋也是没办法复原的，即使暂时清洁干净了，齿根处也会留下较大的空隙。等到牙垢再次形成，牙结石马上就会再次沉积，牙龈马上也会再次化脓。

狗狗年龄越大，注射麻醉剂的风险就越大，就会想做超声波清洁却做不了。要保护狗狗牙齿的健康，预防才是最重要的。等到牙病已经很严重的时候一切就都迟了，最后的办法就是拔牙了。

戴上布手套帮狗狗清洁牙齿

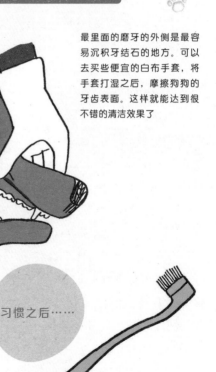

最里面的磨牙的外侧是最容易沉积牙结石的地方。可以去买些便宜的白布手套，将手套打湿之后，摩擦狗狗的牙齿表面。这样就能达到很不错的清洁效果了

习惯之后……

等到狗狗习惯主人用白布手套清洁牙齿之后，就可以换用牙刷来帮它刷牙了。不过要注意不要摩擦得太用力

49 日益增多的狗狗可能患上的癌症
——哪怕是癌症也不要轻言放弃

最近经常能看到狗狗患癌症的病例。在给高龄犬检查时，发现狗狗身体某处长出一个肿瘤并不是什么稀奇的事情。癌症也分为很多种，治疗方法和生存率都不尽相同。那么当狗狗身患癌症时，我们应该怎么办呢？

首先我想强调的就是不要轻言放弃。有些主人在听到是癌症之后就觉得狗狗没救了，想直接放弃治疗，但其实这时候就放弃未免为时过早。狗狗作为你家中的一员，陪伴了你和你的家人这么多年，并不是说生病了就要在"痊愈"和"死"这两种结果之间二选一。

当然，如果能够完全治好狗狗的癌症自然是最好的。但是，哪怕不能痊愈，只要能够控制病情，让狗狗保持良好的身体状况，癌症也不一定就是致命的。我们可以尽量延长狗狗的寿命，即使最后狗狗去世了，也不一定就是癌症导致的。就算不能完全治好，只要采取合适的治疗手段，也是可以大幅延长狗狗的寿命的。因此，癌症可以说是一种"不放弃就能战胜"的疾病。

另外，可能还有很多人觉得狗狗得了癌症，就算努力抗争也不过是徒增它在离世前的痛苦罢了。但其实犬类和人类是不同的，犬类的抗癌治疗并不会带来太多痛苦（虽然也存在危险的副作用，比如白细胞减少，以及相伴而来的二次感染等）。而且，即使癌细胞已经转移到全身各处且完全无法施救了，也可以用止痛药缓解狗狗的痛苦。

要如何对待身患无法完全治愈的癌症的狗狗，全凭主人自行决定。关于这个问题并没有什么绝对正确的答案，不过在做决定前，希望大家都能再仔细考虑一下；现在就放弃是否为时尚早。

癌症是什么

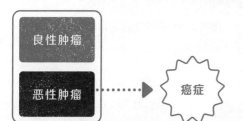

肿瘤分为良性肿瘤和恶性肿瘤两种，恶性肿瘤就是癌症。如果置之不理，癌细胞就会不断增殖、转移。当癌细胞转移至全身各处时，就治不好了

犬类常见的棘手癌症

种类	症状
乳腺癌	最开始会发现某个乳腺里长了小疙瘩，有可能是单个的，也有可能同时长了多个，接着癌细胞会转移到旁边的乳腺上，或者发生远距离转移。尽早给狗狗做避孕手术就能降低乳腺癌的发病率。50% 的恶性乳腺肿瘤如果能够早期切除并做避孕手术，其痊愈的可能性就会变大。但是如果没有尽早治疗，等到癌细胞转移后，治疗就会变得很难。由于高龄犬的手术风险过大，有时主人就只能放弃手术治疗
肥胖细胞肿瘤	乳腺癌之后，较为常见的就是皮肤肿瘤了。其中皮肤型的肥胖细胞瘤又是常见肿瘤中非常棘手的一种（也有长在身体内部的肥胖细胞瘤）。这种肿瘤的形态多种多样，大多数时候看起来好像都没什么大问题，但肿瘤的严重程度其实和看起来的大小无关，这种恐怖的肿瘤是可能引发突然休克死亡的，而且要做手术也非常困难。主人自己在家是不可能检查出这种肿瘤的，所以一旦发现狗狗身上长了异常的疙瘩，就要尽早找兽医做检查
扁平上皮癌	这种癌症的治疗难点在于肿瘤长在眼睛、嘴唇、肉垫等难以切除的部位。如果肿瘤长得很大，可能就要在脸上切掉一大块组织，或者切除四肢了。这种肿瘤的形状也多种多样，同样也是必须通过细胞学检查才能确诊。有时也会通过放射线照射的方法来治疗
骨癌	骨癌可以细分成很多种，如果肿瘤长在四肢，一般就需要从根部截肢。患骨癌的狗狗早期会感到关节疼痛或者身体不舒服，但是早期即使拍 X 光片也很难确诊，骨癌的确诊需要一定的时间
脏器肿瘤	不同脏器的肿瘤症状也有不同，但一般来说没有发展到一定程度是不会显露出什么症状的。而且脏器中能够切除的部位也很有限，如果已经转移到了无法进行手术的部位，就没有什么有效的治疗方法了。比起体表的肿瘤，内部肿瘤更难发现，很容易发现得太晚。今后肿瘤标记检查技术进一步发展，可能会出现不会给狗狗带来负担的检查方法，希望届时癌症的早期发现率能够有所提高

狗狗濒死时

—— 要在哪里看护？应不应该做紧急心肺复苏？

一般来说，狗狗早晚都是会先于主人离世的。只要狗狗不是因为交通事故等突发事件而突然死亡的，那么主人可能都会经历这样的情况：虽然继续治疗也不可能治好了，但狗狗现在的病情也没有让它特别痛苦；狗狗还有意识，叫它它也会回应……当主人亲眼看着自己的狗狗在自己眼前逐渐衰弱时，就必须考虑以下几个问题。

☀ 应该在哪里看护狗狗

狗狗在接受临终治疗时，基本上都是要在宠物医院住院输液的。但是这样一来，如果夜间有什么突发情况，就很难应对了。能够提供24小时看护的宠物医院是非常少的，这样主人可能会见不到狗狗最后一面，狗狗也可能在没人知道的时候孤独地离世。但是，哪怕只是输液治疗，采取治疗手段也比完全放弃更好。所以也有人不在乎见不到狗狗最后一面（或者说害怕亲眼看着狗狗离世时太痛苦），会在狗狗濒临死亡时将狗狗送到医院接受住院治疗。具体怎么想全看个人，关于这点是没有绝对正确的答案的。

也有人会在狗狗濒死时将它接回家里。就我的经验来看，选择第二种做法的人占据了绝大多数，我也倾向于选择这种做法。我个人觉得，在最后的时间里，还是主人在家护理比较好。也有的人会选择在白天家里人都去上班、上学的时候将狗狗送到医院，晚上再接回去。

☀ 狗狗濒死时应不应该做紧急心肺复苏

紧急心肺复苏是一个很敏感的问题。在这里我要事先声明的是，最后的决定也必须由主人自己来做，希望你能在理解这一点后再继续看下去。下面是我个人的看法。

·最好做紧急心肺复苏的情况

如果狗狗还很年轻，突遭车祸休克了，这时候就可以考虑做紧急心肺复苏。如果狗狗能顺利醒过来，说不定就能健健康康地出院了。对于一些通过紧急心肺复苏能够延长一段存活时日的高龄犬来说也可以考虑做。还有就是，狗狗在住院期间濒死时，如果主人能够在接到兽医通知后 10 分钟内赶到医院的，且想见到狗狗最后一面，这时候做紧急心肺复苏也是有意义的。

狗狗濒死时，只顾着伤心是没有意义的。我个人认为，最后的时光还是让狗狗在住了一辈子的家里度过比较好。不过最后也要看主人是怎么想的

·最好不要做紧急心肺复苏的情况

高龄犬逐渐衰弱直到最后呼吸停止时，通过吸氧、心脏按压、注射强心针等方法虽然可以让狗狗暂时性地恢复心跳和呼吸，但是几十分钟后还是一样会面临同样的结果。这样的过程重复两三次后，狗狗对这些方法也就没有反应了。这种做法就是在强行将狗狗暂时从死亡的世界拉回来片刻，不仅没有意义，还可能给狗狗带来一些痛苦的体验。换言之，如果狗狗已经不可能得救了，狗狗的意识已经消失，就像蜡烛的火焰将要熄灭一样，却还要强行将它暂时拖回来，这种做法或许完全就是人的自私行为了。不过，像这样自然老死的情况，选择不做紧急心肺复苏的主人还是比较多的。

☀ 关于安乐死

任何生物都总有一天要面临死亡。即使没得什么大病，只是单纯的衰老死亡，到最后濒死的时候也都会有些痛苦。但是这是众生都要经历的一个过程，我觉得这个过程是不应该被人为干预的。不过，如果狗狗临终前很痛苦，无法圆满地离世，比如因为呼吸困难而死亡的情况，这时候主人在旁边看着也会很痛苦。如果想缓解狗狗的痛苦，也可以选择安乐死。当然，最后如何选择还是要看主人自己的想法。

这本书写到现在，我的狗狗其实也正躺在病床上等待着死亡。虽然早就知道它患有先天性疾病，不可能活太久，而我也看过了数不清的生死离别，但是到了自己的狗狗临死的时候，我果然也是无法压抑自己的悲伤。你和你的狗狗只会有这么一次相遇，不会再有重逢了。恐怕无论做了什么选择，主人之后都会陷入自我怀疑和后悔中，不知道自己的选择到底是不是狗狗想要的。若要尽可能减少这种后悔，就请尽全力陪狗狗度过圆满的最后的时光。尽全力照顾好狗狗，也是对自己负责。

经常有主人会问我到底哪种选择对狗狗来说才是最好的。

这时候我都会这样回答："这要由你自己来决定。你已经和它一起生活了十几年了，它现在到底想要什么，最清楚的应该是你自己才对。"

尽全力照顾狗狗也是对自己负责

在狗狗的最后一段时光，请尽全力照顾好狗狗，之后等到狗狗离世，后悔和烦恼的程度也能因此大大减轻。另外，兽医会告诉主人都有哪些"告别"的方式，主人可以在和家人商量后决定选择哪一种

应该备好的应急用品

附录 01

—— 事前准备好必需品才是最经济实惠的做法

狗狗受伤或生病时,第一时间能够为它进行简易治疗的就是主人了。只要做了正确的应急治疗,就能最大限度地帮它减少痛苦,之后的恢复也会更快。下面这些物品都是应该在急救箱中常备的。当然,如果碰上不太明白该怎么做,或者处理不了的复杂问题,可以马上找兽医咨询。

消毒纱布

用于指甲折断等外伤出血的情况。如果情况紧急,手边又没有纱布可以使用,也可以用纸巾来包扎。外伤伤口通常一开始就已经有很多杂菌了,所以不是经过完全消毒的品种也可以用来包扎。

消毒剂(效果无须太强劲)

用来给伤口消毒。不要用双氧水等效果太强劲的消毒剂,否则,可能反而会使伤口恶化。

湿巾

一般都是用自来水来冲洗伤口,但是如果有黏附在伤口上的冲不掉的脏污,可以用湿巾来擦除。

备用药

如果狗狗患有心脏病、癫痫等,为了预防紧急情况,争取送院时间,兽医可能会事先开一些"紧急药物",这些紧急药物要备好足够的用量。另外,为应对突发灾害,还应该常备一些狗狗常用的药物和正在使用的处方粮。这些都应该尽早备好。

伸缩绷带

需要保护伤处时,纸胶带、创可贴的伸缩能力比较差,可能会脱落,这里推荐使用伸缩绷带。在药店就能买到。伸缩绷带的宽度要根据狗狗的体格以及购买的用途选择,不过一般来说,3cm~5cm宽的就可以了。用伸缩绷带包扎时应该轻柔、有节奏地缠绕伤处,最后只要把末端塞好即可,不需要使用胶带或者其他的小工具来固定,这样也能避免被狗狗误食的风险。

宠物搬运箱

哪怕平常只会遛狗,根本不会将狗狗带到车上出远门,但碰上紧急情况时,也可能会需要用车来运送狗狗。这时候如果不将狗狗放在宠物搬运箱里,出租车肯定会拒载,就算是用私家车运送狗狗,如果不将狗狗放到箱子里,狗狗也会分散驾驶员的注意力,这样容易引发交通事故。如果平常用不到宠物搬运箱,可以不买市面上那种塑料箱,准备好一个大小合适的纸箱就可以了。大型犬年老后,偶尔也可能需要用到担架。如果家里有两个成年人,也可以使用结实的毛巾被来代替担架。

夜间急救医院与允许载宠物的出租车的电话

遇到紧急情况时再去查这些信息会浪费很多时间,应该事先就查好备用。

附录 02 健康检查 / 护理清单

—— 异常由主人尽早发现

每日应检查 / 护理的项目

这些每天都应该做的检查/护理项目其实正是只有主人才能做到的事情。如果平常细心照顾狗狗，很多问题都是可以尽早发现、尽早治疗的。下面介绍一些简单的检查项目。

□ 精神状态
确认狗狗是否有活力，眼睛、耳朵、尾巴等表达感情的器官反应是否迟钝。

□ 食欲
吃饭的速度是否正常，是否有忍受口腔、牙齿疼痛的迹象。

□ 尿
颜色、气味、次数是否正常，排尿是否顺畅，排尿时间是否正常等。

□ 大便
颜色、气味、次数是否正常，硬度是否正常，是否混有大型异物，排泄时间是否正常等。

□ 眼睛
是否左右对称，眼皮有没有肿、眼皮形状是否正常，眼睛有没有睁不开的感觉，黑眼珠（角膜）是否通透，瞳仁深处有没有白浊、充血，眼白有没有充血，眼白颜色是否正常，眼睛分泌物是否正常等。

□ 四肢端的皮肤
是否有伤口、皮肤炎，指甲是否有伤。

□ 动作是否顺畅
是否有护着某处关节走路的表现，会不会一做某个特定的动作就表现出疼痛的样子。

□ 梳毛
长毛犬种必须每天梳毛，否则毛会打结。

□ 跳蚤、蜱螨
遛狗时，跳蚤、蜱螨等寄生虫可能会被狗狗带回家，如果散步时经过了高草丛，回家后要注意检查狗狗身上有没有跳蚤、蜱螨。偶尔家里的庭院也可能被跳蚤、蜱螨污染，需要多加注意。

每周或每月应检查 / 护理的项目

下面这些项目，即使不能每天检查，至少也应该每周或每月检查一次。定期进行这些检查就能了解狗狗的变化，也可以为以后的检查结果提供参考。

□ 耳朵
清洁程度，是否有异味，是否出现瘙痒的症状，颜色是否正常。

□ 全身皮肤
清洁程度，是否有异味，是否出现瘙痒的症状，是否有脱毛情况，颜色是否正常。记得要将狗狗翻过来，仔细检查一下平常注意不到的地方。

□ 体重
变化幅度不大的话基本上没什么问题。但是如果你没有改变狗狗的食谱，体重却突然发生大幅度变化，就肯定有特殊原因了。

□ 洗澡
室内饲养的狗狗一到两周洗一次就可以了。给狗狗洗澡的同时记得检查耳朵和皮肤的情况。

□ 肛门腺
肛门腺是狗狗肛门处的分泌腺，如果一直不清洁，内容液沉积太多就容易引起炎症。给狗狗洗澡的时候记得这里也要清洁一下。

□ 掌握好狗狗发情的时间段
注意狗狗发情期有没有提前或滞后的情况，阴部有没有流脓，黏膜的颜色是否正常。

□ 口腔内部
检查是否有牙结石、牙龈炎，口腔内部有没有肿瘤等。

□ 体表有没有疙瘩
触摸狗狗全身，确认皮肤、乳腺有没有疙瘩，淋巴结、骨头、关节有没有变形。

□ 指甲
确认指甲的长度、磨损情况，有没有裂开等。很多狗狗都不喜欢被检查指甲，所以主人在检查的时候不要着急，要慢慢来。

每年应检查 / 护理的项目

有些复杂的检查，至少也应该每年做一次。大型检查可以向兽医咨询之后再进行。

□ 胸部、腹部X光片

□ 体检血液检查

□ 大小便检查

为狗狗的健康状态打分，管理狗狗的体重

——不要依赖直觉，要记录下明确的指标

体况评分（Body Condition Score，BCS）是用来具体衡量肥胖程度的指标。这里需要用到的两个指标分别是体重和体脂率，不过这两个指标都很难在家里测量。可以根据下图所示的概要，大致衡量一下自己狗狗的情况。也可以向兽医请教自家狗狗比较理想的体重是什么数值，在家里进行体重管理。体况评分不仅可以应用于犬类，猫、牛、马、猪、绵羊、山羊等各种动物都有相应的指标。

●体况评分

BCS	体型	状态	体重	体脂率	概要
BCS1		过瘦	理想体重值的85%以下	5%以下	明显的营养失调。肋骨、脊椎骨、骨盆都十分突出。除了患有严重的消耗性疾病的狗狗，或濒死的高龄犬外，一般都是主人给狗狗过度节食导致的
BCS2		偏瘦	理想体重值的85%~95%	5%~15%	偏瘦状态。皮肤下的脂肪较薄，碰一下就能摸到肋骨。一些猎犬如果需要承担狩猎工作，可能会被主人刻意调整到这个状态，但如果只是一般的家养狗狗，还是再胖一些比较好
BCS3		理想体重	理想体重值的95%~105%	15%~25%	正常状态。抚摸时肋骨不会太突出，也不会摸不出来。杂志上刊登的那些赛级犬基本上都是这个状态
BCS4		偏胖	理想体重值的105%~115%	25%~35%	偏胖状态。街上经常能看到这种状态的狗狗，不过这种状态绝对是不好的。狗狗下腹部摇摇晃晃的样子会显得有些邋遢。不过也有主人会觉得这样摸起来手感好，故意不让狗狗减肥
BCS5		肥胖	理想体重值的115%以上	35%以上	明显过胖的状态。这样的狗狗就好像四肢上长了个肉球，不使劲摸都摸不到肋骨。都是赘肉的背部毫无起伏，狗狗走路时放个杯子在它背上可能都不会倒。这样会给四肢的骨骼带来很大的负担，导致狗狗走路以及做各种动作都会变得迟缓

参考：《小动物临床营养学 第四版》（学窗社）   *体重和体脂率仅为参考值

犬类与人类的年龄对照表
——2 岁的狗狗就已经彻底成年了！

一般来说，中小型犬的 1 岁就相当于人类的 15 岁（大型犬相当于 12 岁），2 岁相当于 24 岁，之后的每一年则相当于人类的 4 年（大型犬相当于 7 年）。中小型犬的寿命一般是 14~17 年，大型犬则是 9~13 年，大型犬的寿命相对来说短一些。中小型犬会更早成年，但衰老的速度会比大型犬慢；而大型犬成年的速度较慢，但衰老的速度却更快。

●犬类与人类的年龄对照表

中小型犬	人
1个月	1岁
2个月	3岁
3个月	5岁
6个月	9岁
9个月	13岁
1年	15岁
2年	24岁
3年	28岁
4年	32岁
5年	36岁
6年	40岁
7年	44岁
8年	48岁
9年	52岁
10年	56岁
11年	60岁
12年	64岁
13年	68岁
14年	72岁
15年	76岁
16年	80岁
17年	84岁
18年	88岁
19年	92岁
20年	96岁

大型犬	人
1个月	1岁
2个月	3岁
3个月	5岁
6个月	7岁
9个月	9岁
1年	12岁
2年	19岁
3年	26岁
4年	33岁
5年	40岁
6年	47岁
7年	54岁
8年	61岁
9年	68岁
10年	75岁
11年	82岁
12年	89岁
13年	96岁

中小型犬
1岁相当于人类的15岁，2岁相当于24岁，
3岁后每一年则相当于人类的4年
人的年龄=24+（狗的年龄 -2）×4

大型犬
1岁相当于人类的12岁，
2岁后每一年则相当于人类的7年
人的年龄=12+（狗的年龄 -1）×7

*实际情况根据犬种、饲养环境等不同，也会存在较大的
个体差异。以上仅为参考值

参考：《小动物临床营养学 3》（日本 Hill's-Colgate 内 MARK MORRISS 研究所联络事务局）

后记

我小时候养过一只叫作卡尔的狗狗。在卡尔 9 岁的时候,有一段时间它腹泻很严重,当时我觉得很奇怪,就带它去了附近的宠物医院检查。卡尔患上了犬瘟热。犬瘟热是由犬瘟热病毒引起的一种感染率高、发病后死亡率在 90% 以上的可怕疾病,而且也没有什么有效的治疗药物,没办法进行对症治疗。

那个时代给狗狗进行静脉输液还并不常见,以现在的标准来看,当时那位兽医并没有给卡尔进行有效的治疗,卡尔就那么逐渐衰弱直到呼吸停止了。

卡尔去世后,我才第一次发现自己其实并没有对自己的狗狗负责。犬瘟热是可以通过疫苗预防的疾病,而且,即使患上了犬瘟热,如果能够早点送医治疗,也是有可能救回来的。我非常自责,一直在思考自己要如何弥补。这件事就是我立志成为兽医的契机。

在我成为兽医后,曾经遇到过一只内脏有先天异常,一看就活不久的法国斗牛犬。一般来说,这样有先天疾病的狗大多会被处理掉,但是那只斗牛犬太可爱了,所以我收养了它。但是非常遗憾的是,前些天,活了 4 年半的它还是离世了。

我一直抱着要不留遗憾的心态来照顾它,但是在它去世后,我还是经常会感到遗憾,觉得当时要是这样做说不定更好、那样做说不定它会更开心。即使我已经成为一名兽医,也还是会被这种心情所淹没。

相信很多读者朋友在自己的狗狗身体健康的时候，都不会太担心它的身体状况。即使已经发现了一些异常的征兆，也很容易过于乐观地认为没什么大事，只是自己的错觉。但是人也好，狗狗也好，总有一天都是会死的。为了将来能够笑着与自己的狗狗"告别"，请务必从现在开始就考虑好自己能为狗狗做的一切。

兽医的工作不仅仅是治好宠物的疾病，和主人一同管理好宠物的健康状况，和治不好的疑难杂症、致死的疾病战斗也是我们的工作职责。如果关于自己的狗狗有什么疑问，即使不是疾病相关的问题，也可以找兽医咨询。只有主人和兽医充分沟通后，才能找到最合适的治疗方案。希望这本书能够让更多的主人了解到真正对狗狗有益的饲养方法，从而让更多的狗狗幸福地生活。这对于我来说，就是最快乐的事情了。

最后，我要向为本书绘制了精准可爱的插图的画家伊藤和人老师，以及给予我这次执笔机会的石井显一编辑表示由衷的感谢。

参考文献

[1] 小野宪一郎，今井壮一，多川政弘，安川明男，后藤直彰．读图看懂狗的病 [M].讲谈社科技，编辑．日本：讲谈社，1996.

[2] 华莱士·B·莫里森．狗和猫的肿瘤 [M].小川博之，佐佐木甚雄，中间实德，监修．日本：学窗社，2004.

[3] 斯拉特著．兽医眼科学 [M].江岛博康等，译．松原哲舟，监修．日本：LLL 研讨会，2000.

[4] 迈克尔·S·汉德，克雷格·D·撒切尔，丽贝卡·L·瑞米拉德，菲利普·鲁德布什．小动物的临床营养学，第 4 版 [M].本好茂一，监修．日本：学窗社，2001.

[5] 朗·D·刘易斯，小马克·L·莫里斯，迈克尔·S·汉德．小动物的临床营养学 [M].一木彦三，译．日本：日本希尔 - 高露洁内马克·莫里斯研究所联络事务局，1989.

[6] 寻回犬编辑部．读懂狗狗的疾病 [M].玉川清司，监修．日本：EI 出版社，2008.

[7] 宠物粮工业会．宠物粮手册 [M].日本：宠物粮工业会，2005.

✳ 内容提要

狗狗的主人都希望自己的狗狗可以健康成长，但是不良或不正确的饲养方式都会给狗狗的健康带来威胁。一些最基础且必需的健康养狗知识，是狗狗的主人们需要了解的。

本书针对如何养好狗狗，总结了日常能用到的5个方面的50个诀窍；并通过简单的语言和风趣的配图，帮助养狗人士快速、正确地掌握健康养狗的基本知识。本书内容涉及的5个方面为：适合狗狗成长的环境、狗狗活动和行为问题的急救措施、狗狗的健康饮食、狗狗健康问题早发现、老年狗狗的养护。

本书适合养狗人士及宠物相关行业的从业人员阅读。